24

新知
文库

XINZHI

Tea:
Addiction, Exploitation
and Empire

U0298870

茶

嗜好、开拓与帝国

［英］罗伊·莫克塞姆 著　毕小青 译

生活·讀書·新知 三联书店

图书在版编目（CIP）数据

茶：嗜好、开拓与帝国／（英）莫克塞姆著；毕小青译．—2版．—北京：生活·读书·新知三联书店，2015.10 （2018.12 重印）
（新知文库）
ISBN 978 – 7 – 108 – 05552 – 1

Ⅰ．①茶…　Ⅱ．①莫…②毕…　Ⅲ．①茶叶－文化－世界
Ⅳ．① TS971

中国版本图书馆 CIP 数据核字（2015）第 239861 号

责任编辑　徐国强
装帧设计　陆智昌　康　健
责任印制　董　欢
出版发行　生活·讀書·新知 三联书店
　　　　　（北京市东城区美术馆东街 22 号 100010）
图　字　01 – 2008 – 3504
网　址　www.sdxjpc.com
经　销　新华书店
印　刷　河北鹏润印刷有限公司
版　次　2010 年 1 月北京第 1 版
　　　　　2015 年 10 月北京第 2 版
　　　　　2018 年 12 月北京第 5 次印刷
开　本　635 毫米×965 毫米　1/16　印张 17
字　数　198 千字
印　数　26,001–31,000 册
定　价　32.00 元
（印装查询：01064002715；邮购查询：01084010542）

新知文库

出版说明

在今天三联书店的前身 —— 生活书店、读书出版社和新知书店的出版史上,介绍新知识和新观念的图书曾占有很大比重。熟悉三联的读者也都会记得,20 世纪 80 年代后期,我们曾以"新知文库"的名义,出版过一批译介西方现代人文社会科学知识的图书。今年是生活·读书·新知三联书店恢复独立建制 20 周年,我们再次推出"新知文库",正是为了接续这一传统。

近半个世纪以来,无论在自然科学方面,还是在人文社会科学方面,知识都在以前所未有的速度更新。涉及自然环境、社会文化等领域的新发现、新探索和新成果层出不穷,并以同样前所未有的深度和广度影响人类的社会和生活。了解这种知识成果的内容,思考其与我们生活的关系,固然是明了社会变迁趋势的必需，但更为重要的，乃是通过知识演进的背景和过程，领悟和体会隐藏其中的理性精神和科学规律。

"新知文库"拟选编一些介绍人文社会科学和自然科学新知识及其如何被发现和传播的图书，陆续出版。希望读者能在愉悦的阅读中获取新知，开阔视野，启迪思维，激发好奇心和想象力。

生活·读书·新知三联书店

2006 年 3 月

献给我的母亲，以此感谢她为我做过的许多事情，
包括保存我在担任茶叶种植园经理的时候写给她的很多信件。

茶树

（版画，创作于 1794 年）

目 录

一份茶叶种植工作

1960 年 11 月，我在进入大学的愿望落空，并对英国的生活感到厌倦的情况下，在《泰晤士报》的个人信息专栏中登了以下这则广告：

TOBACCO or Tea Estate; young man (21), good A levels (Science), now fruit farming, seeks position, v.cw management.—Write Box Y.1901, The Times, E.C.4.

烟草或茶行业；年轻男士（21 岁），成绩 A 等（科学），现从事果树种植。寻求管理职位。有意者请写信到：E.C.4《泰晤士报》Y.1901 信箱。

我仅得到一个答复。一位叫麦克莱恩·凯的先生给我写信说，他在尼亚萨兰（Nyasaland）（现在的马拉维——Malawi）拥有一个茶叶种植园，目前正在英国寻找一位副经理。如果我感兴趣的话就安排时间到他位于明兴街种植商行的伦敦办事处与他见面。

凯先生身材矮壮，尽管已年过七旬，却依然一头黑发。他举止文雅，性格直率，对我这样一个想要出去见世面的年轻人充满了同情之心。第一次世界大战期间他曾在海军服役，战后在马来亚从事种植业，后来在尼亚萨兰买下了那个茶叶种植园。他很高兴我熟悉果树种植行业，并认为我在文法学校所受到的教育没有问题——尽管当时大多数茶叶种植园主都从私立学校招聘雇员。

他建议我们签署一份标准的三年半合同。他将支付我前往尼亚萨兰的旅费并在合同期满后支付我回国的旅费。三年合同期满后我将得到六个月的带薪休假。另外，我在当地每年还有两周的假期。他将在当地为我提供配有基本家具的免费住房以及免费水电。如果我们觉得彼此合适，可以续签合同。我每年的薪水为 600 英镑。

从英国到尼亚萨兰的单程机票的价格超过了我半年的薪水，因此申请这份工作是一个很冒险的行动。我自己没有钱，我的母亲也是一个穷寡妇。如果事情出了差错的话，我甚至支付不起回国的路费。因此我必须确定我所作出的决定是正确的。

当我收到凯先生对我的广告的答复时，我对尼亚萨兰仅有一个非常模糊的概念。我去了一家公共图书馆查阅了详情。按非洲的标准，它是一个小国，比英国要稍微小一些。它位于非洲的中东部，地处热带，在赤道南部，是一个完全的内陆国家，在南面与葡属东非（现在为莫桑比克）接壤，在北面与北罗得西亚（津巴布韦）和坦噶尼喀（坦桑尼亚）接壤。这是一个窄长多山的殖民地，有一个大湖几乎横穿其整个领土。其人口由 300 万非洲人和不超过 1 万欧洲人构成。尽管是英国的殖民地，但它是罗得西亚和尼亚萨兰联邦（Federation of Rhodesia and Nyasaland）的一部分，有一定的自治权。

凯先生看上去对我非常直率。我不知道他提出的条件究竟是好是坏，因为我对茶叶种植或者非洲都一无所知。他告诉我，我的薪水支付我日常的开销绰绰有余，事实上已经超过了大多数新"助理"的收入。我相信他的话。这次面试仅用了半小时。他承诺，一旦我的介绍信被核实，他的代理人就马上起草合同。然后我需要接受英国移民筛选委员会的面试，以获得罗得西亚和尼亚萨兰联邦的居住许可。如果一切都顺利，他想让我在1月中旬坐飞机出发，因为种植园的人手非常短缺，而且1月正值采茶高峰期。

他接着说："还有一件事，我们希望在那里的所有年轻男人参加殖民警察预备队——以防万一。你能够接受吗？"

我说："是的。我曾经在学校参加过军训，因此这对我来说应该不成问题。"

他握了握我的手说"很好"，然而就在我几乎要走出门的时候，他又问道："你肯定会开车吧？"

"是的。"我毫不迟疑地撒了个谎。我想一旦到了非洲，我就能轻易学会开车。无论如何，到时候即使他知道了真相，把我从非洲送回家的代价也太昂贵了。

1961年1月18日星期三，我飞抵了布兰太尔（Blantyre）机场，那天上午早些时候，飞机曾在萨里斯伯里（Salisbury）降落，在那里我已经正式进入了罗得西亚和尼亚萨兰联邦。萨里斯伯里的气候阴冷潮湿，使我感到非常失望，而布兰太尔的气候则温暖湿润。我到达的时候，萨特姆瓦茶叶种植园（Satemwa Tea Estates）的总经理乔治·霍尔顿已经在机场等着我了。他四十多岁，身材矮小，皮肤被晒得黝黑，举止带着一种军人的粗暴——因此当我后来了解到战争期间他曾在印度军团担任少校的时候，一点儿也不感到奇怪。然而，当他要求我称呼他为"乔治"的时候，我感到有些受宠若惊，因为在英国，人们通常称经理为"先生"。我们驱车大约半小时后到达一个小镇，街上只有几个人，而且其中多数是穿着破烂欧洲服装的非洲人。小镇上有一些外观脏乱、破烂不堪的白色建筑物，而且几乎没有任何车辆。我们在一个小餐馆里吃了一顿极为地道的葡萄牙风味牛排。

我对乔治说："真是不可思议，我没有想到在裘罗（Cholo）会有如此好的餐馆。"

"裘罗！"他吃惊地看着我。我看得出他心里在想什么。他一定在想，招聘这个家伙可能是个错误。"这是在布兰太尔，这个国家的商业中心和最大的城市，裘罗离这里还有一小时的车程。那里没有餐馆——无论好坏都没有。"

我们开车离开了布兰太尔，经过了与之相邻的一个叫做林贝（Limbe）的城市，然后进入了开阔的乡野。这里地势平坦，因此我们几乎没有意识到自己正位于比英国任何地方都要高的海拔3 600米的高原上。天气虽热，却很宜人。

虽然我对这里的风景很感兴趣，但我的心里却在想着其他的事情。我很快意识到不会开车将会给我带来很大的麻烦。我在想，当时我为什么要对凯先生撒谎？为什么会以为自己能够欺骗所有的人？而乔治则抱歉地对我说，我的汽车的交货时间被延误了，但是他希望能够在两周之内到货。我是否能通过观察其他人开车学习基本的驾驶知识，并在汽车运到的时候掌握足够的驾驶技巧？如果他们发现我不会开车，后果会怎样呢？我偷偷地观察着乔治，他开车很猛，不断地换着挡。路面上铺着柏油，但仅有三米多宽，因此在会车和超车的时候，乔治开的莫里斯1000型号的小货车外侧的车轮就会驶出柏油路面。这种驾驶难度很大。由于马路边沿的泥土被雨水冲掉了，因此它像搓衣板一样呈锯齿状。我们的汽车一路上沿着一个危险的角度摇摇晃晃地向前行进，所幸的是路上车辆极少。

我们不久就来到了茶园。马路两侧是浩瀚的鲜绿色的海洋，中间点缀着高高的遮阴树。部分田野极为平坦，另一些则为一片片种植密集、顶部平整的低矮茶树所覆盖。一群群的非洲人正背着大柳条筐站在齐腰高的茶树丛中采摘茶叶。偶尔可以看到几个大茅草棚，在那里，茶叶先被称重，然后被拖拉机和拖车运走。接着我们经过了路边一块巨大的岩石。

乔治说道："这是姆瓦兰桑兹（Mwalanthunzi）石。非洲人在出远门之前为了祈求好运，会绕着这块岩石转一圈。这个名字在齐切瓦语中的意思是'会冒烟的石头'——在炎热的天气里，落在这块石头表面的雨水会形成雾汽，看上去像冒烟一样。你负责管理的种植园就是以它命名的。我们到了。"

我们向右转，驶上一条土路。平坦的茶园一直延伸到很远的地方。在我们前面几公里的地方，有一座覆盖着郁郁葱葱的林木的高山。

"我们的种植园延伸到哪里？"我问道。

"一直延伸到那边裘罗山的顶部。我们总共有几平方公里的土地。你将要管理的姆瓦兰桑兹总共大约有 10.1 平方公里，其中的大部分还没有开垦，目前有两平方公里的茶园。"

我们到了划分整齐的茶园的尽头，然后继续沿着长满将近两米高的杂草的田野行驶。

我问道："这里是怎么回事？"

"这是新种植的茶树，全部都长疯了。"他笑着说道："你的工人们一直在罢工。他们很难对付。"

还没有等我来得及对这个令人担忧的消息作出反应，我们已经到了茶叶加工厂的围栏前面。在大门口，一个穿着制服的门卫向我们敬了个礼，然后就让我们进去了。这个加工厂是一座盖得乱七八糟、包着瓦棱铁皮的两层高的大建筑物。一群男人正从拖拉机和拖车上往下卸堆得高高的、装满了刚刚采收的茶叶的麻袋。

乔治说："现在正是收获季节，工厂一周七天夜以继日地运转。随后我再回来检查这里的工作——现在你应该去打开你的行李，收拾一下衣物，然后洗个澡。让我们就去平房吧。"

我们开车从另一个大门出去，穿过几片茶园，来到了位于裘罗山较低的山坡上的一座很大的平房前面。房子被翠绿的草坪环绕着，草坪中点缀着红色的鸡蛋花，四周的花坛中是盛开着的橘黄色美人蕉。在走廊上，一位穿着整洁的白色套装、腰间系着红色腰带的非洲仆人走过来迎接我们。乔治吩咐上茶。

他说："夫人去了罗得西亚，"——他在提到"夫人"的时候用的是印地语中的 memsahib，而不是在当地更为常用的葡萄牙语中的 Dona——"她去看医生了。因此我们只好自己照顾自己了。"

因为他有一个厨师、一个帮厨、两个"家仆"，外加两个园丁和一个门卫，因此这不成问题。

那天晚上我们在走廊上享用了晚餐。那里空气芬芳，四周充斥着蛙叫、蝉鸣等声音，偶尔还有一只蚊子在我耳边发出嗡嗡声。在喝了大量兑了许多水的威士忌酒之后，乔治向我介绍了当地的一些情况。

在萨特姆瓦有三个种植园，每个种植园中都有大约两平方公里的茶园。这些茶园分布在茶叶加工厂周围。在几公里外还有一个种植园。乔治经营着其中的一个种植园，同时也照看另外三个种植园和那个茶叶加工厂。管理人员包括一名加工厂经理、两名种植园经理，

茶：嗜好、开拓和帝国

加上乔治和我一共五个人，全都是英国人。由于加工厂目前一天24小时运转，乔治不得不在那里待很长时间，因此他几乎没有时间教我该怎么做。我可以住在他的房子里，跟着他到处转悠，学习一些管理方面的窍门。然后我将搬到位于姆瓦兰桑兹的平房中去管理那个种植园。他说，他想在大约两周后让我接手姆瓦兰桑兹种植园的管理事务。我喝了一小口威士忌，感到天旋地转。我对茶叶种植一无所知，并且对当地的语言也一窍不通。我看出乔治正期待着我的反应。

于是我说道："好的。我相信我能够应付。"

这是一个很不寻常的回答，但是这在当时并不像今天看起来那么奇怪。我是在大英帝国时代长大的，从小就被灌输一种思想，那就是英国人出去管理殖民或热带企业是再正常不过的事情了。我曾经读过萨默塞特·毛姆（Someset Maugham）的短篇小说，从他精辟的评论中，我了解到了很多有关种植园主应该如何行为的知识。我还阅读过大量有关在热带工作的年轻人的书籍。虽然这项工作充满挑战，但没有吓倒我。虽然我对茶叶种植一窍不通，但我可以学习。

第一章

嗜好与税收；走私与革命

> 当普通民众不满足于自己国家的健康食品，而要到最偏远的地区去满足他们邪恶的味觉的时候，那么可以想象，这个民族已经堕落到了何等愚蠢的地步！

> ——乔纳森·汉威，1757 年

1747 年 9 月 22 日，一艘由威廉·约翰逊担任船长、名叫雨燕号（Swift）的武装民船正停靠在普尔海岸一个叫多塞特（Dorset）的地方对走私船进行瞭望。英国海关经常向一些武装民船颁发许可证，让它们从事有关的海关工作。这项创新的措施往往适得其反，因为这些武装民船自己也经常从事走私活动。下午 5 点钟，雨燕号在东部海面上发现了一艘名叫三兄弟号（Three Brothers）的可疑的小船，于是开过去拦截它。三兄弟号马上调整方向以充分利用风力，然后以最高的船速逃跑，而雨燕号则紧追不舍。它用了六个小时才追上这条走私船，向它发出了停下的命令。三兄弟号一开始不听从这一命令，但是在雨燕号开了几枪之后，最终投降了。

约翰逊船长和他的船员登上了三兄弟号，发现它有七名船员。他们还发现船上装有 39 桶白兰地和朗姆酒。这些桶上绑着绳子，准备上岸之后就把它们装载在马背上。更为重要的是，他们在船上发现了装在帆布袋中、用油布裹着的 82 个包裹。后来这些袋子被称了

茶：嗜好、开拓和帝国

重，总共有两吨，里面装的是茶叶。

三兄弟号是在根西（Guemsey）将这些非法货物装上船的。该走私船被押送到普尔港（Poole harbour）。在等待法律诉讼之际，那些茶叶被存放在海关的码头上。

两个星期之后，60名走私者聚集在靠近普尔港的查尔顿森林（Charlton Forest）。他们大部分是霍克赫斯特团伙（Hawkhurst Gang）的成员。该团伙的名称来自肯特郡境内位于内陆深处、在黑斯廷斯和梅德斯通这两个城市中间的一座村庄的名字。在三兄弟号上被发现的走私物品就是该团伙安排的。他们骑着马，带着枪和其他武器来到这里，其中30人留在原地监视通往普尔港的各条路，其余的人在凌晨时分骑马进入小镇。在那里，他们砸开了海关的大门，把里面存放的37个百斤重的茶叶袋装上马背，但是留下了白兰地和朗姆酒，然后不紧不慢地骑马向北行进。

在前往萨里斯伯里的路上，他们来到了汉普郡一个名叫费丁布里奇的小镇，镇上的人们都出来看热闹。一个名叫丹尼尔·蔡特的鞋匠认出了其中一个名叫约翰·戴蒙德的走私者，因为他们曾经在收获季节一起工作过。这两个人握了握手，戴蒙德在骑马离开之前还送给了蔡特一小袋茶叶。到下一个村子时，这些偷袭者停下来分赃。由于一些茶叶在海关被抛撒在了地上，因此他们为公平地分配这些茶叶发生了一些争执。他们用磅秤重新称了茶袋的重量并对其进行了分配，然后就散伙了。

在18世纪40年代曾发生过多起类似的与茶叶走私有关的事件。1744年，一名海关官员在索尔汉姆（Shoreham）被走私者打伤并被抓走。和他在一起的两名告发人被绑在树上，遭到鞭打，并且被遗弃在法国的海岸边，而当时英法两国正处于交战状态。1745年，三名海关官员在格林斯蒂德格林（Grinstead Green）的一家酒吧被打伤

1747年10月走私者冲开了位于普尔的国王海关署的大门（版画，创作于1768年左右）

茶：嗜好、开拓和帝国

并遭到抢劫。1746 年，霍克赫斯特团伙与温汉姆团伙（Wingham gangs）在山德维治将 11.5 吨茶叶从船上装到 350 匹马的背上时发生了冲突，结果在现场留下了九名受伤者。1747 年，走私者在梅德斯通（Maidstone）枪击了四名士兵。

但像袭击在普尔港的政府海关这种放肆的行为还是第一次发生。这件事对于财政部来说将会产生严重的后果。当局决定采取有力的措施，它发布公告：对提供情报并导致相关人员被定罪的告密者免予起诉并提供大额奖金。约翰·戴蒙德因涉嫌此案而在奇切斯特（Chichester）被逮捕。

费丁布里奇的那位鞋匠丹尼尔·蔡特是一个多嘴的家伙，他收到茶叶礼物这件事引起了海关的注意。他被带到了一个治安法官面前，在压力之下同意接受酬金去指认戴蒙德——如果不这么做的话他将受到绞刑的处罚。

1748 年 2 月 14 日，丹尼尔·蔡特与一位名叫威廉·加利的海关官员骑马前往奇切斯特。在途中他们住进了位于罗兰兹城堡怀特哈特的一个旅店。那个女房东的儿子也是走私者，她对蔡特和加利产生了怀疑，并派人去寻求帮助。几名当地的走私者赶了过来。他们把这两个赶路人隔离开来，然后使蔡特承认了他正在做的事。后来他们又把这两个人灌醉，在这两人醉醺醺地昏睡过去之后搜查了他们的口袋，并找到了一些证明他们此行目的的信件。蔡特和加利本来可能只会受到相当轻微的惩罚——也许会被扔到法国，但是有两个走私者的妻子决定进行报复。她们说："绞死这两条走狗，他们到这里来的目的是要把我们送上绞架。"结果走私者们决定控制住这两个人，直到他们知道约翰·戴蒙德的命运，然后以牙还牙——戴蒙德的下场就是这两个人的下场。威廉·杰克逊、威廉·卡特和其他五名走私者同意每人每周拿出三便士支付这笔开销。

杰克逊爬到蔡特和加利所睡的床上，用他的马刺猛扎这两人的前额的方式叫醒了他们，然后又用马鞭将他们抽得鲜血直流。走私者将蔡特和加利放在一匹马的马背上面，并将他们的脚在马肚子下面绑在一起，然后一路抽打着他们往北行进，经过几个村子后，到了苏塞克斯郡的拉克村。在长达24公里的行程中，这两个人有好几次从马背上头朝下完全颠倒了过来，结果其脸部遭到马蹄的反复踢蹬。最初几次走私者还将他们扶立起来，但后来在他们变得太虚弱而不能坐在马背上的时候，走私者就把他们转移到一个骑马的走私者前面的马背上。一个走私者还时不时使劲地挤压那位海关官员的睾丸。

在拉克村一个名叫红狮的旅店，房东指引走私者们来到一个用做掩埋走私茶叶的地方。首先，他们把蔡特拴在一间茅草房内看管起来，然后，借着灯笼和蜡烛的亮光把加利埋在了地下。很久以后，当加利的尸体被挖出来时，人们发现这个海关官员处于一种直立状态，他的手放在眼睛前面。他当时是被活埋的。

走私者们各自回到自己家中以伪造当时自己不在现场的假象。两天后，他们带着更多的同伙返回拉克村，决定干掉蔡特。最初有人建议用一支枪对着这个告密者的脑袋，并在扳机上系上一根细绳子，然后所有人一起拉动那根绳子，这样他们都以相同的方式参与这起谋杀。但是这个建议由于太过人道而遭到了拒绝。

蔡特不断地受到走私者们的殴打。他很害怕，于是跪下来祈祷。正在这时，一个名叫约翰·科比的走私者用一把弹簧折刀割掉了他的鼻子。他们把蔡特安放在马背上带到了一口井边。五名走私者草草做了一个索套，把他吊在水面上试图绞死他。一刻钟后，蔡特仍旧活着，于是他们割开索套，把他头朝下扔进井里。但是他仍然在不断地呻吟。最后走私者们将围栏、门柱和石头扔进井里将他砸死。

茶：嗜好、开拓和帝国

塔普纳、科比和其他走私者即将在一口井里吊死蔡特

（版画，创作于 1768 年左右）

即使按当时的标准，这些做法也被认为太野蛮了。当这两个人的尸体被发现后，报纸对两具尸体，尤其是对被活埋的加利的尸体大事渲染。当局提供了更大的赏金以寻求有关凶手的线索。走私者中的一些人由于害怕自己被判处死刑而主动充当证人。走私团伙中的八名主要成员被逮捕。

1749 年 1 月 16 日，对相关人员的审判在奇切斯特开庭。两天后，杰克逊和卡特被判定谋杀了威廉·加利。塔普纳、科比和哈蒙德被判定谋杀了丹尼尔·蔡特。在另外三个人中，有一个被判定无罪，还有两个被判定为谋杀案的从犯。这两名从犯得到了比主犯宽大的处罚，他们被判处绞刑，在执行之后就可以入葬。而其他人则在被绞死后还要用铁链吊起来挂在外面示众 —— 这在当时是一种非常令人生畏的惩罚。将以这种方式示众的尸体放下掩埋是违法的行为。科比和哈蒙德在他们曾经卸载走私货物的海滩被示众。杰克逊在上绞架之前就死了，但他的尸体仍然被用铁链吊起来示众。

那年的 4 月，另外五名霍克赫斯特团伙的成员因闯入普尔港海关这一较轻的犯罪而受审。他们被带到老贝利法庭，而他们所受到的惩罚并不比那些实施谋杀的人所受到的惩罚要轻。虽然其中一个被宣布无罪，另一个后来被赦免，但是其他三人则被判处死刑，并在泰伯恩被处决。其中一个在绞死后掩埋，另外两人则在被绞死后用铁链吊起来示众。这两个人中的一个名叫威廉·费罗尔，他在被处决前一天晚上还在安慰前来探监的人，笑着对他们说："当你们在坟墓中腐烂的时候，我们却沐浴在惬意的春风之中。"

也许 18 世纪上半叶的走私者们最奇特之处就在于，让他们甘愿

茶：嗜好、开拓和帝国

冒如此巨大的风险的竟然是一种仅仅在一个世纪前还完全不为英国人所知的商品。

1662 年 5 月 13 日，14 艘英国军舰驶入朴次茅斯海港（Portsmouth harbour）。它们是三周前驶离里斯本的，但在途中被海风吹得偏离了航线，并被迫在康沃尔郡的蒙特湾躲避暴风雨天气。这给沿岸的居民提供了用礼炮和烟花欢迎这只舰队的机会。领航的那艘军舰是皇家查尔斯（Royal Charles）号，它上面有一位尊贵的乘客——葡萄牙国王胡安四世的女儿凯瑟琳·布拉甘扎。在上岸后不久，她给她在伦敦的未婚夫查理二世写了一封信，宣布她即将到达伦敦。那天晚上，伦敦所有的钟都敲响了，许多房子的门外燃起了篝火。但是那天晚上查理二世却在他的情妇——已经身怀六甲的卡斯尔—梅因夫人——的家中吃晚餐。在她家门外没有篝火。

六天后，查理二世赶到朴次茅斯港，他和凯瑟琳在那天早晨举行了一个秘密的天主教婚礼。在那天晚些时候，他们又举行了一次婚礼，这一次则是在新教主教的主持下在伦敦举行的。

查尔斯是在一大笔嫁妆的诱惑下缔结这场婚姻的。对方承诺给他 50 万英镑的现金作为嫁妆，而他则不顾一切地要得到这笔钱，以偿还他从英联邦政府那里继承的债务以及他自己欠下的新债务。当得知凯瑟琳出嫁时只带来了葡萄牙所承诺的嫁妆的一半的时候，他差点儿取消了这个婚姻。即使这一半的嫁妆也不是现钱，而是食糖、香料和其他一些准备在船队抵达英国后出卖的物品。凯瑟琳的嫁妆中还有其他一些物品，其中包括一箱子茶叶——凯瑟琳是一个有饮茶嗜好的人。

茶在中国成为普通饮料之后又过了许多个世纪才被传到欧洲。据我们所知，在欧洲最早提到茶这种饮料是 1559 年在威尼斯出版的一本名叫《航海与旅行》（*Navigatione et Viaggi*）的书。该书的作者奇安姆巴提斯塔·拉缪西欧（Giambattista Ramusio）叙述一位波斯人告诉他的有关"Chai catai"（中国茶）的故事：

> 他们拿出那种草本植物——它们有的是干的，有的是新鲜的——放在水中煮透。在空腹的时候喝一两杯这种汁水，能够立即消除伤寒、头疼、胃疼、腰疼以及关节疼等毛病。这种东西在喝的时候越烫越好，以不超出你的承受能力为限。

在 16 世纪的后几十年中，其他几次对茶叶的简要提及出自从东方回来的欧洲人，其中多数是在东方从事贸易和传教的葡萄牙人。一位名叫扬·胡伊根·范林斯索顿（Jan Huygen van Linschoten）的荷兰人最早激发了人们将茶叶运输到欧洲的想法。他在 1595 年出版了《旅行杂谈》（*Discours of Voyages*）一书，并在三年后出版了该书的英译本。在书中他描述了位于东方的一个辽阔的葡萄牙殖民帝国，提供了详细的地图，并介绍了那里的各种令人惊叹的东西。荷兰人和其他国家的人也跟着葡萄牙人来到了东方。在范林斯索顿提到的物品中，有一种在中国和日本称为"朝那"（chaona）的东西："他们饮用一种装在壶中用热水冲泡的饮料，不管在冬天还是夏天，他们都喝这种滚烫的饮料。"

1596 年，荷兰人开始在爪哇开展贸易。除了当地的产品外，他们还将来自中国和日本的物品运回欧洲。大约在 1606 年，第一批茶叶被运到荷兰。尽管在更早的时候可能就有一些人——尤其是葡萄牙人——曾经从东方带回过茶叶的样品，但这被认为是茶叶第一次作为商品被进口欧洲。

在随后的 20 年间，荷兰在与东方的贸易中处于统治地位，因而荷兰也成为欧洲最早喝茶的国家。不过由于价格昂贵，茶叶只是有钱

茶：嗜好、开拓和帝国

人的专用品。不久之后，饮茶被传到邻近国家的时尚圈中以及有着独立贸易网的葡萄牙。在法国，直到 1650 年路易八世的首席大臣马扎林主教养成喝茶的习惯后，茶才在这个国家变得非常流行。后来的路易十四也有饮茶的癖好，他的茶壶是用黄金制成的。

英国人对茶的接受过程非常缓慢。在 17 世纪 50 年代前，我们没有任何使用茶的记载。最早标明日期的有关茶的记载是 1658 年 9 月 23 日在伦敦《政治快报》(*Mercurius Politicus*) 上刊登的一则广告：

> 为所有医师所认可的极佳的中国饮品。中国人称之茶，而其他国家的人则称之 **Tay** 或者 **Tee**。位于伦敦皇家交易所附近的斯维汀斯——润茨街上的"苏丹王妃"咖啡馆有售。

伦敦的第一家咖啡馆开设于 1652 年，到 50 年代末还只有少数几家；到 17 世纪末发展到了几百家 —— 至少人口中每 1 000 人就拥有一家咖啡馆。它们是男人们谈生意和讨论政治的场所。最初它们只卖咖啡，后来增加了巧克力和茶这两种饮料。没人知道最早的茶叶来自哪里 —— 也许来自欧洲大陆，也许是有人从东方带回来的。

那些咖啡店似乎也提供外卖服务。塞缪尔·佩皮斯（Sanuel Pepys）于 1660 年 9 月 25 日在他的日记中写道："随后，我让人买回了一杯我以前从未饮用过的茶（一种中国饮料）。"曾经在酒馆和咖啡馆里消磨了大量时间的佩皮斯却在此之前从没有喝过茶，这说明直到 1660 年茶在英国仍然是一种罕见的东西。

最终是那位把茶作为嫁妆的凯瑟琳·布拉甘扎使饮茶变成了宫廷

的一种时尚。随后饮茶的习惯又从宫廷传播到了时髦的上流社会，最初只有富人才享用得起，到了后来才成为中产阶级的饮品。在凯瑟琳成为皇后的第二年，埃德蒙·沃勒（Edmund Waller）为她写了如下一首祝寿诗：

> 维纳斯的香桃木和太阳神的月桂树，
>
> 都无法与女王赞颂的茶叶媲美；
>
> 我们由衷感谢那个勇敢的民族，
>
> 因为它给予了我们一位尊贵的王后，
>
> 和一种最美妙的仙草，
>
> 并为我们指出了通向繁荣的道路。

在皇后的嫁妆中还有其他一些礼物，其中包括一个名叫丹吉尔（Tangier）的非洲贸易区；还有与巴西和东印度群岛进行自由贸易的权利——这些权利在以前曾被葡萄牙人认为是他们专有的；还有一份礼物是孟买。当英国试图取得茶叶贸易的支配权时，这最后一份礼物起到了巨大的作用。

1509 年，葡萄牙人首先登上了孟买岛："我们的人抓住了一些奶牛和躲藏在矮树丛中的一些黑人，我们将其中好的留了下来，将其余的杀掉。"在遭受多次攻击后，当地的苏丹在 1534 年将七座岛屿割让给了葡萄牙国王，而当地的渔民和农民则像以前一样继续他们的生活。传教士们建造教堂，关闭寺庙，然后劝说或者强迫岛上的许多人接受基督教。一位葡萄牙富人建造了一个庄园，并配备了几门大炮。对一场皇家的婚礼来讲，这看上去是一份可怜的礼物，但是英国人后来将离海岸不远的这几个岛屿连接起来，将它们建造成为世界上最大的港口城市之一。东印度公司曾经为在西印度海岸建立另一个基地而请求过克伦威尔，现在复辟的国王查理二世答应了此事。他把孟买转让给东印度公司，"作为东格林尼治的领地的一部分征收费用和劳役地租，年租金为 10 英镑金币，在每年的 9 月 30 日支付"。

东印度公司是 1600 年根据女王伊丽莎白一世颁发的皇家特许状建立的一个贸易公司，它被给予了在印度 —— 也就是地球上从非洲东海岸到南美洲西海岸的那部分 —— 开展各项贸易活动的垄断权利。在取得该权利之后，东印度公司几乎立刻就派商船航行到现在叫做印度尼西亚的地方，购买了利润丰厚的各种香料。他们在那里建立了被称做"工厂"的贸易站。

1608 年，该公司扩展到了印度西部的苏拉特（Surat），那里的集市上摆满了各种奇异的产品 —— 珍珠和钻石、黄金和象牙、香水和鸦片。最令人感到满意的是，那里还有大量的印度纺织品。印度人唯一缺乏的日用品就是香料，而这也是英国人所缺乏的东西。公司不久就开始在那里购买大量的布料，一部分运回英国，另一部分运到更远的东方去交换香料。交换所得的香料的一部分在印度卖掉，以支付购买布匹的费用，其余的则被运送回欧洲。1619 年，东印度公司在苏拉特建立了其在印度的第一家工厂。

在查理二世重新登上王位后，东印度公司就一直处于一种尴尬的境地。在共和国时期，公司将其原来的王室特许状改成了克伦威尔的新特许状。在王室复辟后，公司的合法性就出现了问题，因此它需要向国王送礼。公司花了 3210 英镑给国王购买金银餐具，又花了 1062 英镑给他的兄弟购买礼物，这些礼物被证明是可以接受的。1661 年，国王准予总督和在东印度开展贸易的伦敦商业公司"从今以后……与上述东印度进行一切贸易的永久性权利"。

查理二世肯定对东印度公司的礼物非常满意，因为他还给予了东印度公司不同寻常的新权力。公司有权在印度派遣自己的战舰、人员和弹药，并允许这些战舰的指挥官"为了上述总督和公司的最大利益，在他们从事贸易的任何一个地方与任何（非基督教）国家的国王或人民举行和谈或对其发动战争；他们也可以在其任何定居地建筑并派兵驻守防御工事"。在有了这些特权之后，东印度公司将成为当时世界上最强大的跨国公司并支配世界的茶叶贸易。

在 17 世纪下半叶，英国的茶叶进口量还很小。东印度公司在 1664 年下了第一笔订单——从爪哇运回 100 磅①中国茶叶。在随后的十几年中，英国每年进口茶叶的总量持续保持在三位数，直到 1678 年才增长到 4 713 磅，并且这个供应量使市场在很多年内处于饱和状态，直到 1685 年才又进口了 12 070 磅茶叶，然后市场又处于饱和状态。这种进口量一次比一次增加，而每次进口之后就会出现数年供过于求的停滞阶段的模式一直持续到 17 世纪末。英国在 1690 年进口了 38 390 磅茶叶，但在 1699 年则仅进口了 13 082 磅。

东印度公司通过"燃烧蜡烛"的方式拍卖它的茶叶。在拍卖前先点燃一支蜡烛，然后开始竞拍，在蜡烛被烧掉一英寸的时候所报的最高价格即为成交价格。由于茶叶市场交替出现供过于求和供不应求的状况，茶叶的拍卖价格也会随之出现很大的波动。在 1673 年茶叶的平均价格是每磅 1.19 英镑（为了简便起见，在本书中我一般会将 1971 年之前英国所使用的先令和旧便士转化为十进制进行计算）；而随着 1678 年茶叶大量进口，在 1679 年茶叶的价格仅为每磅 7 便士。到了 1699 年，价格波动幅度缩小，茶叶的拍卖平均价格是每磅 74

---

① 1 磅等于 0.4536 千克。——译者注

茶：嗜好、开拓和帝国

便士。

茶叶的销售受到税收方式的约束。从 1660 年到 1689 年，在咖啡馆出售的茶是作为一种液体进行征税的，税率为每加仑 3 便士。这种计税方法不仅不方便操作，而且对茶的味道会产生灾难性的影响，因为为此目的税收人员每天只去咖啡馆一到两次，以检查那里新泡制的茶水。在检查之前，待出售的茶水必须被保存在木桶中，并且在出售时需要再加热。从 1689 年起改为对茶叶进行征税，但是最初这种新的税率是如此之高——每磅收税 25 便士，以致几乎使茶叶销售停滞。在 1692 年，税率减少到每磅 5 便士，但是后来为了给各种战争提供资金，政府又逐渐提高了对茶叶的税率。到了 1711 年茶叶的税率又涨回到最初的水平。

茶叶的零售价格当然会受到茶叶拍卖价格和税率波动以及茶叶质量的影响。现存的记录表明，在 17 世纪 50 年代初，茶叶的零售价格为每磅大约 3 英镑，到 17 世纪末，零售价格为每磅接近 1 英镑。这意味着其主要消费者仅限于富人，因为在当时，一位熟练的手工艺人每周的收入一般不超过 1 英镑，而体力劳动者每周的收入只有 40便士。

即便如此，当时尝试过喝茶的人很可能要比人们根据其高价格所预计的要多，这是因为茶除了被作为一种饮料出售外，也被作为一种药品出售。本书上文曾经引用过佩皮斯有关其第一次喝茶的日记。而在 1667 年，他回家后发现他的妻子正在泡茶，"因为药剂师皮林先生告诉她，喝茶对治疗她的感冒有效"。

托马斯·加拉维在他位于隆巴德街旁边的交易所巷的咖啡馆中既出售茶饮料，也出售茶叶。该店持续经营了二百多年之久。现在在该咖啡馆的原址前面有一块纪念性的石牌和一个该咖啡馆的标志性蝗虫招牌的石雕。在 1660 年左右，加拉维在其所印制的一份名为《有关茶叶生长、质量和功效的准确描述》(*An Exact Description of the Growth, Quality and Vertues of the Leaf TEA*)的广告传单中，用很长的篇幅赞美茶叶的益处：

- 可使人体充满活力和精力；

- 可以缓解头痛、眩晕和由此产生的抑郁；

- 可以疏通脾脏；

- 如果在饮用时加入自然流出的蜂蜜而不是蔗糖，则可以清除结石，清洗肾脏和尿道；

- 可以清肺，消除呼吸困难的症状；

- 可以明目，有助于缓解白内障等症状；

- 可以消除疲惫，清洗和净化成人的体液，消除肝火；

- 可以消食强胃，增加食欲，尤其适用于身体肥胖者以及喜欢食肉者；

- 能够安神补脑，改善睡眠，增强记忆力；

- 可以改善嗜眠症状，防止困乏；在饮用一壶茶之后，可以整夜工作、学习而不会对身体造成损害，因为它可以适度地暖胃，并使胃的入口闭合；

- 可以预防和治疗疟疾、恶心和感冒；服用适当的茶叶可以引发轻微的呕吐，并使皮肤毛孔呼吸，这种治疗方法疗效十分显著；

- （在处理之后与牛奶和水一起服用）能够增强人体内部器官，预防消瘦，在缓解腹痛腹泻方面疗效显著；

- 有助于缓解浮肿和坏血症；如果泡制恰当，可以通过出汗和排尿净化血液，消除感染；

- 消除由风寒引起的疼痛；安全地清洗胆囊。

　　　　　茶：嗜好、开拓和帝国

约翰·张伯伦（John Chamberlayne）在其 1682 年出版的《咖啡、茶、巧克力和烟草的自然历史》（*The Natural History of Coffee，Thee，Chocolate，Tobacco*）一书中引用几个类似的提倡喝茶的说法，并且驳斥了一位反对饮茶者有关茶"会使人体缺水、加速衰老，不适合欧洲人体质"的说法。张伯伦还特别强调了茶的提神作用："它使我们充满活力，驱除我们的睡意，每个饮用它的人都会变得感觉敏锐。"咖啡因的作用以及有关茶叶在医学方面的利弊的争论将会在随后的一个世纪中促发人们更多的激情。

到了 1699 年，约翰·奥文顿（John Ovington）已经这样描述茶了："近年来饮茶变得如此盛行，以至于它既受到学者的青睐，也受到工匠的喜爱；既出现在宫廷的盛宴上，也出现在公共娱乐场所。"尽管如此，17 世纪最后一年英国全国茶叶进口总量仅为 13 082 磅，这表明当时饮茶在英国仍然是一个新鲜事物。

在接下来的一个世纪中发生了巨大的变化。18 世纪英国的茶叶需求量以惊人的速度增长。我们很难猜测为什么会出现这种情况，但是英国人对茶的热爱超过了其他任何主要的西方国家，只有荷兰人能够达到接近他们的程度。茶在法国等国家也曾经风靡一时，但很快又为咖啡和葡萄酒所取代。法国著名的历史学家费尔南·布罗代尔（Fernand Braudel）曾经说过，茶叶只有在那些不生产葡萄酒的国家才能够真正受到人们的喜爱。

有记载的茶叶进口量，从 1699 年的 13 082 磅增长到 1721 年的 1 241 629 磅。到了 1750 年，茶叶进口总量已经达到 4 727 992 磅。然而这些数字只反映了部分情况，因为有许多茶叶并不是通过海关进入英国的。许多英国人想喝茶，但又苦于价格过高。东印度公司对茶叶进口的垄断以及政府所收取的极高的税收，使得茶叶的价格极为昂贵。公众的购买力使得大规模的走私和掺假成为不可避免的事情。

在18世纪上半叶，茶叶走私非常猖獗。在全国各地有很多像霍克赫斯特这样的团伙，有时他们会实施骇人听闻的残忍行为。《绅士杂志》(*The Gentleman's Magazine*) 在1740年报道了"乡下一个贸易小镇"的情况：

> 几乎所有年轻女人都在谈论她们如何害怕走私者，并且都声称将在下一年冬天搬到伦敦去。这样一来我们这里的年轻女子会变得非常稀少，而我们这些乡下单身汉只能在绝望中度过一生了。

但是在大多数情况下，走私者得到了民众的支持，因为后者希望得到茶叶和其他物品而又不愿意支付他们认为极为苛刻的税款。数百万英国人默认了这种非法的贸易，他们通常对自己所知道的情况保持沉默。这与今天的大麻交易有很多相似之处，如今有数百万英国人购买和使用这种他们知道是非法进口的毒品。

在那个时代，很少有像霍克赫斯特那样组织严密的走私团伙。一般来说，他们的业务量比较小，资金很少，无法提高信用。他们的船只的大小从类似三兄弟号的小帆船到划艇不等，一次所走私的茶叶很少超过2—3吨。他们一般没有武装，如果有的话，也是棍子、刀剑和零星火器之类的轻武器。这些走私者通常将其货物卖给他们认识的下家或店主，或者那些以每份2.5磅为单位进行交易的小贩。

这些茶叶最初多数是由法国、荷兰、瑞典或丹麦的公司运进欧洲，其中很多是通过海峡群岛和曼岛转运到英国，并且有相当大的一部分是由东印度公司自己的船员通过公司的商船带进英国的。他们在归国的途中将这些货物转卖给走私者。走私茶叶的另一个来源是为了获得退税而从英国出口到其他国家的茶叶，这些茶叶在出口之后又被走私者进口到了英国。当然，我们无法知道在这一时期到底有多少茶叶被走私到了英国，但是我们知道，合法进口的茶叶的总量在 1721 年就达到了 120 万磅，并在随后的 26 年中一直徘徊在这个水平，而在 1947 年大幅度降低茶叶税之后则猛增到超过 300 万磅。根据现代学者的估计，在茶叶税大幅降低之前，非法进口茶叶的价值每年在 300 万英镑左右。

18 世纪中叶，茶叶税的降低和由于一系列战争所造成的欧洲大陆茶叶的短缺似乎抑制了茶叶的走私活动，但是随后走私活动又有了大幅度的增长。越来越多的人尝试饮茶并且养成了嗜好，从而导致了对茶叶需求量的剧增，而超出大众购买能力的税后茶叶则根本无法满足这一需求。就像任何一个受到社会广泛认同并且有巨大利润的非法行业一样，茶叶走私很快就被黑社会所操纵。虽然仍有一些单独的走私者在活动，但是主要的茶叶走私活动都是以海关官员所称的"新模式"进行的。到了 18 世纪 70 年代，新型的走私者们使用了配备有重武器的大型船只，有数百只这样的走私船在英格兰、威尔士和苏格兰海岸活动，其中有些重达 300 吨，配备有 80 名船员和 24 门大炮。它们能够装载 4 000 或 5 000 加仑①朗姆酒或白兰地，外加 4 万或 5 万磅茶叶。这是很大的生意，欧洲大陆的供货商可以让他们赊欠三个月甚至六个月的货款，而且他们还可以在劳埃德银行购买保险。

一旦茶叶被从船上卸到了陆地上，走私者就会用一种新的极为复杂的方式对其进行分配。一些老式的走私团伙仍然采用武装押送茶

---

① 1 加仑约等于 4.5 升。——译者注

叶的方式，但是运送大批的货物则需要更为隐蔽的方式。法律规定，每次运送超过 6 磅重的茶叶都需要获得官方许可，在没有这种许可的情况下运送这种货物可能会受到严厉的惩罚。走私者们想出了各种办法来规避这一法律规定，大量的茶叶被分成小于 6 磅的包装，而更多的则通过在不同商店之间的虚假运输或者将走私茶叶与合法茶叶混合的方式加以合法化，因此检查人员几乎无法识别哪些茶叶是走私进来的。

18 世纪 70 年代，英国合法茶叶每年的消费量是 400 万磅到 500 万磅。我们很难估计走私茶叶的数量，但是通过用从中国出口到欧洲的茶叶总量减去欧洲大陆的茶叶消费量，历史学家们得出了一些大概的估计：英国每年走私茶叶的总量大致相当于，甚至可能超过合法进口茶叶的总量 —— 大约在 400 万磅到 750 万磅之间。

合法茶商对这种走私现象提出了强烈的抗议。每个人都知道走私活动非常猖獗。英国人喝的茶越来越多，但是官方进口茶叶的数量却没有任何增长，合法茶商的数量大幅度下降，其中一位抱怨说，他"几乎无法在离海岸 30 英里之内的地方做任何生意"。本来应该垄断茶叶进口的东印度公司对此感到非常担忧，因为欧洲大陆的竞争对手抢走了它大量的生意。它在议会中有很大的势力，许多议员都是该公司的股东。

1783 年，小威廉·皮特成了首相。皮特在 21 岁的时候就担任了财政部长，因此当他担任首相的时候虽然只有 24 岁，但是却对财政政策有极大的兴趣。他决定大幅度提高于 1696 年实施的、相对容易征收的窗户税，从而使得可以大幅度降低茶叶税。茶叶税在 1784 年为 119%，并且在 18 世纪的大部分时间内都保持在这个水平上。1784 年的《抵代税法》（Commutation Act）将这个税率降低到了 12.2%。这一法律几乎一下子就使茶叶走私的现象销声匿迹了。

英国财政部从减税中获得了长远利益。在《抵代税法》通过后的 10 年中，茶叶消费量的增长是如此之迅速，以至于征收到的税款很快恢复到了未减税时期所征收的税款的水平。对从中国出口的茶叶总量的估计也证实了在减税之前从欧洲大陆走私到英国的茶叶数量之巨大：

在《抵代税法》通过之前的 10 年中：

荷兰、丹麦、瑞典、法国等国家从中国进口

　　茶叶的总量　　　　　　　　　　　　　　134 698 900 磅

东印度公司从中国进口的茶叶总量　　　　　　54 506 144 磅

在 1790 年到 1800 年这 10 年中：

荷兰、丹麦、瑞典、法国等国家从中国进口

　　茶叶的总量　　　　　　　　　　　　　　38 506 646 磅

东印度公司从中国进口的茶叶总量　　　　　228 826 616 磅

除了走私之外，人们对廉价茶叶的需求还导致了掺假。从某种程度上说，走私和掺假是密不可分的，因为海关官员和执法人员很难对秘密销售的廉价走私茶叶是否掺假进行检查。对茶叶掺假的手段包括在茶叶中掺入其他植物的叶子或者已经冲泡过的茶叶。

有些人用山茶科植物（Camellia sinensis）的叶子制成"茶叶"，然后不加太多掩饰将它作为"英国茶"出售。1710 年，有人就曾经打广告推销一种"几乎可以与最好的进口武夷茶相媲美的"茶叶。在许多情况下，掺假者都是出于欺诈的目的秘密地将替代茶叶掺入真茶叶中以降低其质量。英国政府于 1725 年通过了一项议会法律，对以下人员处以 100 英镑的罚款：

THE
HISTORY
OF THE
TEA PLANT;
FROM THE
SOWING OF THE SEED, TO ITS PACKAGE
FOR THE
𝔈uropean 𝔐arket,
INCLUDING
EVERY INTERESTING PARTICULAR OF THIS
ADMIRED EXOTIC.

TO WHICH ARE ADDED,
REMARKS ON IMITATION TEA,
EXTENT OF THE FRAUD,
LEGAL ENACTMENTS AGAINST IT,
AND THE
BEST MEANS OF DETECTION.

Embellished with a descriptive Frontispiece.

LONDON:
Published by
LACKINGTON, HUGHES, HARDING, MAVOR, AND JONES,
FINSBURY-SQUARE,
For the London Genuine Tea Company,
AND SOLD AT
23, Ludgate-Hill; 148, Oxford-Street; and 8, Charing-Cross; by their
Agents in the Country; and by all Booksellers.

PRICE 1s. 6d.

伦敦真正茶叶公司出版物书名页

(1820 年)

茶：嗜好、开拓和帝国

用棕儿茶（从金合欢树中提取的单宁）或任何其他药物改变、伪造或生产茶叶，或将其他不属于茶叶的叶子掺入茶叶中的茶叶的销售者、生产者或染色者。

1730 年罚款的金额增加到每 1 磅掺假茶叶 10 英镑；1766 年，又对掺假者增加了监禁的惩罚。

最常被用来掺假的叶子是山楂树叶（用来冒充绿茶）和黑刺梨树叶（用来冒充红茶），桦树、白蜡树和接骨木的叶子也曾被用来冒充茶叶。当然，用这些叶子泡出来的汤水并不很像茶水，因此就有必要加入各种染色剂。除了上面提到的棕儿茶之外，这些染色剂还包括铜绿、硫酸铁、普鲁士蓝、荷兰粉红、碳酸铜，甚至羊粪。在以上这些染料中，羊粪很可能是危害最小的一种。

用以掺假的已泡过的茶叶是从用人或者穷人那里收购来的。有人甚至定期从咖啡馆中收购泡过的茶叶。这种茶叶被放在扁平烤箱上烘干。而那些泡过的绿茶还需要用铜的化合物进行染色。

我们很难估计出掺假茶叶的销售量，有人估计每年有数万磅，而另一些人则估计有数百万磅。可以肯定的是，茶叶掺假的规模是很大的，因为它促使议会通过了禁止性的法律。在当时也有许多关于查获掺假茶叶和审判掺假者的报道和记载。例如，1736 年 11 月《伦敦杂志》（*London Magazine*）就曾刊登过以下这一消息：

一位在米诺里斯的著名犹太茶商因为多次向福尔街的一位茶叶零售商出售染色茶叶而受到审判。他以每磅 9 先令 9 便士的价格，总共向这位零售商出售了 175 磅这种他称之为"英国茶"的染色茶。这位零售商将其掺入好茶中出售。执法人员在检查他的库存时发现并没收了总共 1 020 磅掺假茶，并从他那里得知了染色茶的提供者。那位犹太人被判定有罪，他被判为其所销售的染色茶每磅缴纳 10 英镑罚金。因此他被判总共缴纳 1 750 英镑的罚金。

媒体对掺假茶的曝光，以及公众对掺假茶尤其是掺假绿茶中所使用的有毒铜化合物染色剂的可以理解的担心，似乎导致了茶叶消费从绿茶向红茶转变。当茶叶在 17 世纪中叶被引入英国的时候，当时进口的大多数都是绿茶。到了 18 世纪末，虽然绿茶仍然很受欢迎，但是红茶的销量已经略微超过了绿茶。

随着红茶日益流行，人们又开始养成了在茶中加入牛奶的习惯，这种做法开始于 17 世纪。塞维涅侯爵夫人是较早采用这种方法的法国人。但是直到 18 世纪在茶中加奶的做法才得到普及。

英国人从一开始就养成了在茶中加糖的习惯。中国人从来不在茶中加糖，而西藏人则在茶中加盐。在印度，糖早在好几百年前就得到了普遍的使用，因此印度人的茶是加糖的。由于茶叶最初是经由印度西部的苏拉特港从中国进口到英国的，因此很可能是印度人的饮茶方式对英国船员产生了影响，而后者又对国内的英国人产生了影响。18 世纪茶叶的消费量剧增导致了在同一时期食糖的消费量剧增。茶叶和食糖之间的关系是如此之紧密，以至于在 18 世纪有人使用食糖的消费量来计算茶叶的总消费量，并以此来估算走私到英国的茶叶总量。有人甚至提出，对于许多英国人来说，茶只不过是他们沉溺于对食糖的痴迷的一种工具。在 1700 年，英国进口食糖的量为 1 万吨；而到了 1800 年，食糖进口量达到了 15 万吨。

在整个 18 世纪以及 19 世纪上半叶，人们一直在就饮茶对健康

　　茶：嗜好、开拓和帝国

有益还是有害这个问题进行激烈的辩论。早在 1722 年，有人就通过给动物喝茶的方法来测试茶叶的副作用。詹姆士·莱西（James Lacy）认为茶叶像鸦片一样危险。他曾经作过以下这样一个怪诞的实验：

> 我将 3 盎司武夷浓茶水注入一只狗的体内。我发现它几乎没有使狗产生任何变化。随后我用杯子接取了 1 盎司静脉血，并在里面加入了半盎司武夷浓茶水：这些血液一连三天都没有凝结……从这些实验中我们得知，茶水中含有大量析出盐。它可以降低血液浓度或使血液更具流动性。但是它的作用并不是很大。

这一实验也许并没有什么启迪作用，但是莱西的确正确地指出，茶具有利尿和兴奋的作用。然而，他还写道："茶会降低女性的生育能力，使她们更容易流产，并且会削弱其给婴儿哺乳的能力。"

当时使用有毒染料掺假的做法很可能对这一争论产生了影响，否则很难解释为什么有些人会如此仇视这一毫无害处的饮料。另外，毫无疑问，有些人之所以会对茶进行大肆攻击，是因为他们对这种前所未闻的饮料突然在英国风靡一时的现象感到不满。好几个世纪以来，英国人通常的饮料一直是啤酒，很多人认为饮茶不符合英国的传统，并且会使男人变得女性化。1737 年在《绅士杂志》上刊登的一篇名为《论茶的作用》（Observations on the effects of tea）的文章就很典型地表达了这种观点：

> 茶完全不适合用做食物。迄今为止没有发现它具有任何对人体有益的作用，因此应该被列为有毒蔬菜。即使它像香脂或薄荷

一样完全有益无害，它也是一种邪恶的东西，因为它使我们整个民族养成了每天一到两次用女里女气的方式小口啜饮温水的习惯……这种习惯会使勇士变成懦夫，使强者变为弱者，并使妇女不孕。即使她们生育了子女，她们的血液也会变得如此糟糕，以至于她们无力哺乳自己的孩子。即使她们哺乳了自己的孩子，她们的孩子也会死于肚子绞痛。在城镇中用茶喂养的穷人的孩子只适合于做苦力和用人……大家想想看，将来我们的士兵将会变成什么样子。如果我们不是将我们的饮料从啤酒换成这种浸泡了印度毒药的温水的话，那么在过去20年中西班牙人早就饱尝了我们英国啤酒的厉害了。

这篇文章刊登之后，立刻招致了一个化名为"衷心祝愿大不列颠健康的人"的作者的同样是充满夸张的回应：

茶可以使人们青春永驻，返老还童；它使人体充满生命的活力；它能够净化血液，使不孕者得子；我们几乎找不到任何它所不具有的优点。

也许对茶的最恶毒的攻击来自乔纳斯·汉维（Jonas Hanway，他是一位著名的慈善家，因不顾马车夫和人力车夫的嘲讽在伦敦引入雨伞而名声大震）于1757年所写的散文《有害健康、阻碍工业发展、并使民族贫困化的茶》（*An Essay on Tea Considered as Pernicious to Health，Obstructing Industry，and Impoverishing the Nation*）：

当普通民众不满足于自己国家的健康食品，而要到最偏远的地区去满足他们邪恶的味觉的时候，那么可以想象，这个民族已经堕落到了何等愚蠢的地步！在里士满附近的一个小巷中，我们在夏季常常可以看到一些乞丐在喝茶；你可以看到修路工人在一边修路一边喝茶；甚至用小车拉煤渣的工人也在喝茶；同样荒唐的是，有人甚至还向晒干草的农夫兜售装在杯子中的茶水。那些本来可以以一抵三地与法国人作战的男人们以及那些本来应该哺育这种士兵的女人们，现在我们却发现他们在喝茶！……那些在克雷西和阿金库尔特战场上大获全胜或者用高卢人的血染红多瑙河的战士们，难道他们是那些整天小口啜茶的男女所生下来的吗？如今甚至连那些靠种田养家糊口的农夫都养成了这种颓废的习惯，这还成何体统！

对于汉维来说不幸的是，塞缪尔·约翰逊（Samuel Johnson）在《文学杂志》（*The Literary Magazine*）上发表了一篇对他的散文的评论。约翰逊承认：

> 对于那些在过去20年中一日三餐只饮用这种令人神往的植物的冲剂，几乎从未让自己的茶壶凉下来过，每天傍晚用茶自娱自乐，每天深夜从茶中寻求安慰，每天早晨用茶来迎接新的一天的不知羞耻的铁杆茶迷来说，我们的确不能指望他们身上还存在任何正气。

然后约翰逊适时地对汉维的散文发起了猛烈的攻击。但是他很有风度地承认："茶不适合下层社会的人饮用……它只适合为那些悠闲、放松和做学问的人所享用；或者被那些没有时间运动也不愿意节食的人用来消化过多的食物。"

美以美教派教会的创始人约翰·卫斯理（John Wesley）是另一

个在报纸上发表文章攻击茶叶的人。他将自己的"麻痹症"和双手颤抖的毛病归咎于饮茶。他敦促自己的追随者们祈祷上帝给予他们戒除茶瘾的力量，并将由此节省下来的钱施舍给穷人。但是韦斯利在其晚年改变了自己的观点，他从乔舒亚·韦奇伍德那里弄到了一个容量为1加仑的大茶壶。

当时似乎大家都认同的一种观点就是：茶是一种兴奋剂。他们的这种观点是正确的，因为茶含有咖啡因，而咖啡因的确就是一种兴奋剂。茶叶含2%—4%的咖啡因。咖啡豆中的咖啡因含量是茶叶的2倍，但是泡茶需要的茶叶的重量要比泡咖啡所需要的咖啡豆粉的重量小一些。当然，一杯茶中的咖啡因含量取决于所放的茶叶的量，但是它也受冲泡时间的影响。通常情况下，一杯茶在冲泡了一分钟之后含10毫克—40毫克的咖啡因；但是如果使用的茶叶很多并且冲泡时间达五分钟的话，那么其中的咖啡因含量可高达100毫克。一杯咖啡可含75毫克—180毫克的咖啡因。

咖啡因通过某种方式刺激中枢神经系统。人们提出了很多有关这方面的理论，但是它们都不具有确定性。不同的人对咖啡因的反应差别很大。在超过一定限度之后，增加咖啡因的剂量就不会产生更多的刺激效果。人的体重是另一个影响咖啡因作用的因素，一个人体重越轻，对其产生影响所需的咖啡因的量就越小。这对孩子来说尤其如此。从咖啡因被摄入体内到其对人体产生作用所需的时间，以及其作用所持续的时间，都因人而异，并且这种差异性很大。吸烟和饮酒都会对咖啡因的作用产生影响。

至于咖啡因是否为一种成瘾的药品，这仍然是一个有争议的问

　　　　　茶：嗜好、开拓和帝国

题。经常摄入咖啡因会减弱其刺激性作用。一个平时不喝含咖啡因饮料的人在喝了一杯浓咖啡之后通常会变得非常兴奋，而一个经常喝含咖啡因的饮料的人则可以在夜晚上床睡觉之前喝一杯这种饮料而不会对睡眠产生任何影响。大多数人似乎都可以适应有节制地饮用含咖啡因的饮料的习惯，并且发现它可以在一天的不同时间使自己的身体处于兴奋状态。停用咖啡因会使人体产生类似于停用更具成瘾性的药品所产生的症状，但是没有那么严重。这些症状包括头痛、烦躁、肌肉疼痛以及可以预料的嗜睡。大多数人在停用咖啡因几天或一个星期之后就恢复了正常。有少数人会对咖啡因产生过敏反应，出现心跳和呼吸加速以及焦虑等症状。但是一般来说，只有过量摄入才会引发这种症状，并且平时不喝含咖啡因的饮料的人更容易出现这种神经性症状。

近年来咖啡因成为许多健康恐慌和临床调查的对象 —— 其中大多数将焦点集中在过去已经被提出过的那些问题上。研究人员对咖啡因在癌症、生育能力、出生缺陷、胆固醇、心脏和呼吸系统方面的影响都进行了调查，相关研究仍然在继续。

美国国家航空和航天管理局曾经作过一项著名的实验。科学家们使蜘蛛摄入各种影响精神状态的药物，然后评估其织网的能力。这个实验是建立在这样一个假设之上的，那就是蜘蛛摄入的药品毒性越大，其织出的蛛网变形越厉害。大麻使蜘蛛无法集中注意力，并且使它忘记了蛛网的格局；苯丙胺使它加快了织网的速度，结果在蛛网上留出了许多大洞；而咖啡因几乎使蜘蛛完全丧失了织网能力，只拉出几缕杂乱无章的蛛丝。至于是否可以根据这些实验结果推断这些药物对人的影响，这是值得怀疑的。咖啡因之所以对蜘蛛具有特别的破坏性的影响，很可能是因为它是咖啡树和茶树等植物为了对付虫子而专门生产的一种物质。

因此，总的来说，目前的研究表明，有节制地使用咖啡因不会对人的身体产生特别的伤害。由于茶中所含的咖啡因一般低于咖啡，因此饮茶可以最大限度地降低咖啡因的有害作用。

除了咖啡因之外，茶叶中还有许多其他可能对健康产生影响的物质。最近科学家对一种叫做类黄酮的物质开展了许多研究。类黄酮存在于水果、蔬菜、红酒，尤其是茶叶之中。在英国，从茶中摄取的类黄酮占人们平均类黄酮摄取量的90%。研究表明，这种抗氧化物质具有预防心脏病、中风和癌症的作用。

最近几年在《柳叶刀》（*The Lancet*）等具有很高声望的杂志上出现的许多文章似乎证实了饮茶的益处。"祖特芬老年人研究"项目跟踪调查了数百位荷兰老人——分析他们的饮食，然后找出其与冠心病和中风之间的关系。该研究显示，老年人心脏病和中风的发病率与类黄酮的摄入有关，而红茶则是类黄酮的主要来源。一位典型的饮茶者死于心脏病和发生第一次中风的几率要比不饮茶者分别低58%和50%。

大多数定量研究饮茶对癌症发生率的影响的临床试验，都是在饮用绿茶的远东国家开展的。例如，在日本开展的一项有关癌症死亡率的详细分析表明，在茶叶消费量大的地区，一般癌症，尤其是像胃癌、食管癌和肝癌等消化系统癌症的发病率都比较低。对饮用红茶者的临床试验似乎证实红茶也能够抑制癌症。

在整个18世纪，咖啡馆仍然是提供茶饮料的主要场所。从外观上看，18世纪的咖啡馆与今天城镇中的小酒吧没有多少区别，里面有一些供顾客坐着喝饮料的大桌子，也许还有一些供顾客站着喝饮料

的较小的高桌子。在店的前面有一个火炉，上面摆着咖啡壶、巧克力壶和茶壶。许多顾客会在那里吸鼻烟或抽烟斗。在咖啡馆中很可能还有出售酒精饮料的吧台。随着时间的推移，咖啡馆开始提供大量的酒精饮料，而酒馆则出售很多的咖啡和茶，因此已经很难再对这两者作出区分了。

对于有钱人来说，咖啡馆是他们重要的聚会场所。1714 年，一位来伦敦访问的外地人——这个人很可能就是《鲁滨逊漂流记》的作者丹尼尔·德福（Daniel Defoe）——写道：

> 我住在一条名为帕尔—莫尔的街上，这条街是外地人聚居的地方，因为它靠近皇宫、皇家公园、议会大厦、剧院以及上流社会经常光顾的巧克力馆或咖啡馆。以下就是我们在那里的生活方式：我们在早上 9 点钟起床。有些人去参加宫廷招待会并且会在那里一直待到 11 点钟，或者像荷兰人那样去喝茶。在 12 点钟的时候上流社会人士都聚集到了各个咖啡馆或巧克力馆，其中最好的几家包括可可树巧克力馆和怀特巧克力馆、圣詹姆士咖啡馆、斯密尔纳咖啡馆、罗克福德咖啡馆和英国咖啡馆。这些巧克力馆和咖啡馆都挨得很近，你可以在一个小时之内把它们全部逛一遍。我们被用椅子（或轿子）抬到了这些地方。在这里，这些轿子的费用很低：每星期 1 几尼或每小时 1 先令。你还可以把轿夫当做杂役差使，就像威尼斯小划船的船夫一样。
>
> 如果天气好的话，我们就会到皇家公园去散步，直到两点钟去吃正餐。如果天气不好的话，我们就去怀特巧克力馆玩牌，或者到斯密尔纳咖啡馆或圣詹姆士咖啡馆去讨论政治。
>
> 我必须告诉你们，属于不同的政党的人士有不同的聚会场所。尽管这些场所对所有陌生人都会热情招待，但是辉格党派人

士绝不会光顾可可树巧克力馆，你也绝不会在圣詹姆士咖啡馆看到托利党人士。

　　苏格兰人一般会到英国咖啡馆去聚会，而斯密尔纳咖啡馆则是各种人士混杂的地方。在这一街区还有许多不同职业的人群光顾的小咖啡馆，包括政府官员常光顾的年轻人咖啡馆，股票经纪人、出纳员和朝臣经常光顾的老人咖啡馆，以及骗子经常光顾的小人咖啡馆……

　　我们一般在两点钟吃正餐。在这里提供客饭（按菜单点菜）的咖啡馆并不像国外那么常见。在苏弗尔克街上有两三家法国人专门为方便外国人而开设的比较好的咖啡馆，那里的饭菜还说得过去。但是我们一般是在咖啡馆中聚会，然后再到酒馆中去吃饭。

　　这就是当时伦敦老城区的时尚人士聚集的西区的情况。1666 年的大火烧毁了当时城区正在经营的大多数咖啡馆，但是很多被烧毁的咖啡馆又得到了重建，并且随后又有很多新的咖啡馆开业。在西区、老城区和位于这两个地区之间的街区，咖啡馆成为上层阶级和中产阶级生活中不可缺少的一个部分。

　　1 便士邮资制是 17 世纪 80 年代在伦敦建立的利用咖啡馆收集和递送信件的制度。像东印度公司、哈得逊湾公司、利特凡公司等大贸易公司也将咖啡馆用做其开会和交易的场所。医生和江湖郎中也在咖啡馆中做广告推销自己的药品。自称为"英格兰第一位玉米脱粒大师"的托马斯·史密斯每天都要在 21 个咖啡馆中巡回表演一次。共济会成员也将咖啡馆用做其集会的场所。许多咖啡馆都有其专门的顾客群体。布赖恩特·利利怀特（Bryant Lillywhite）在他的《伦敦咖啡馆》（*London Coffee Houses*）一书中写道：

　　　　　　　茶：嗜好、开拓和帝国

一个咖啡馆的常客的阶层和类型是由其所在位置决定的。保皇党、辉格党和托利党的支持者光顾的是位于威斯敏斯特、白厅、圣詹姆士和帕尔—莫尔街的咖啡馆；海军和陆军军官、律师、医生、牧师和"其他职业绅士"常去的是在查林十字街、斯特兰德大街、舰队街、圣马丁巷、霍尔本街以及圣保罗教堂附近的咖啡馆。新闻记者和江湖郎中也经常去这些地方。书商和出版商充分利用圣保罗教堂和勒盖德山周围的咖啡馆进行推销活动；英语"廉价书"（Chap-book）一词就来源于在帕特诺斯特街上的查普特咖啡馆（Chapter Coffee-house）。文学家、知识分子、哲学家和科学家往往聚集在少数几家咖啡馆中，其具体场所会随着时尚的变化或因为其他原因而不断发生变化。那个时代的花花公子、纨绔子弟、赌徒、游手好闲者以及其他一些不三不四的人也都有他们经常聚集的咖啡馆。包括卖淫在内的几乎所有公共活动的每个阶段都在咖啡馆生活中得到了表达和反映。犯罪分子在咖啡馆中策划诈骗和抢劫活动，在咖啡馆中分赃，并且他们中的许多人都是在咖啡馆中被抓获的。有时一个咖啡馆的招牌可以揭示该咖啡馆的性质。在 18 世纪有一种说法，那就是"招牌暗示着各种淫荡的目的"。

　　咖啡馆是男人们的专利。毫无疑问，一些男人会从咖啡馆带回一些茶叶供其家人享用。但是在 17 世纪，中产阶级中饮茶的主要还是男人。但是在上层阶级中情况就不同了，因为由凯瑟琳·布拉甘扎带入英国的茶道已经在上层社会中扎下了根。但是真正使妇女加入到大众茶叶消费潮流之中的却是 18 世纪茶园的出现。

这些茶园有些是在 17 世纪查理二世复辟之后人们为了寻求享乐而建立的，而有些则是更早的时代遗留下来的。最初入园是免费的，而后来逐渐都变成收费的了，但是往往会提供免费茶水。后来许多游乐园也开始改造成为茶园。

当然，那时候的伦敦比现在小多了，而在肯提希镇或伊斯林顿区花园的四周都是田野。在克拉肯维尔区和伦敦市中心附近有一系列内城花园，而在马里勒伯恩、切尔西、伦敦南区、伦敦北区和汉普斯特德则有一系列外城花园。其中有一些以其大面积的装饰性花园而著名，而其他一些则主要是休闲健身中心；有一些是较小的家庭花园，还有一些则是带有完备设施和各种娱乐场所的大型企业。

也许在所有游乐的花园中最著名的一个就是经常被人们称为"春园"的沃克斯霍尔。"它的格局是如此之宏伟，以至于当时住在伦敦及其附近的大多数王公贵族和上流社会人士都会在夏季的三个月中经常光顾这个花园。"但是没有多少证据能够将沃克斯霍尔花园与大量地饮茶联系在一起。该花园在 1762 年发布的一则广告中列出了其所提供的所有饮品。其中包括香槟、勃艮第葡萄酒、波尔多干红葡萄酒、莱茵白葡萄酒、波尔图葡萄酒、雪利酒、苹果酒和啤酒，但是没有茶。另一个著名的花园是位于切尔西的拉奈拉夫花园，它也是沃克斯霍尔的主要竞争对手。拉奈拉夫圆形剧场和花园于 1742 年对公众开放，门票价格为半克朗（八分之一英镑），其中包括了茶、咖啡、面包和黄油的费用。这些饮料和食品的消耗量一定很大，因为除了特殊的场合外，该公园不提供任何其他饮料。

拉奈拉夫圆形围场内部景观——人们正在在里面吃早餐
（版画，创作于1751年左右）

拉奈拉夫有一个很正规的花园，里面有很多花卉和碎石路，路的两边是高大的紫杉树和榆树。但是这个公园的主要景点是那个圆形的建筑物，其形状很像大英博物馆的圆形阅览室，直径为46米，里面有呈环形排列的52个包厢。在这些包厢的上方是一个画廊，里面有更多的包厢，总共有60个窗户。在画廊的上方是一个巨大的圆顶，上面挂着插有数千支蜡烛的水晶灯。但是这个建筑物最令人称奇的地方，就是位于建筑物中央、由许多装饰精美的柱子和拱顶组成的一个支撑着圆形屋顶的巨大的壁炉和烟囱。在冬天的时候，壁炉里生起熊熊大火。而建筑物的墙上到处都是壁画、镶金和雕刻，约翰逊博士声称这是他"所看到的最精美的东西"。拉奈拉夫花园定期举行音乐会和烟花晚会，但是它最吸引人的活动还是化装游行。在这种活动中人们穿着各种各样的奇装异服环绕着圆形建筑物内部游行。

伦敦的那些小型休闲健体中心和花园只是供人们喝茶和闲聊的地方。1778年印制的一幅巴哥尼格·维尔斯花园的油画下面配有以下这段优美的说明性文字：

> 人们三五成群地坐在小溪边的树荫下，
> 一边慢慢地品尝着醇香宜人的茶水，
> 一边悠然自得地闲聊着。
> 花园中飘荡着浓浓的奶茶香味和动听的呢喃细语声。

随着时间的推移，这些游乐花园逐渐失去了新意，游客越来越少，其中有些成了不三不四的人经常光顾的地方。从1752年起，这些场所在举办音乐和舞蹈活动前还必须申请许可，这导致其中的许多家不得不关闭或者变成了仅仅供人们坐着喝茶的地方。拉奈拉夫最终于1803年关闭；其他一些花园坚持到了19世纪30年代或40年代；巴哥尼格·维尔斯花园于 1841 年关闭；而沃克斯霍尔苟延残喘了一段时间，直到 1859 年才寿终正寝。

　　茶叶的零售和批发是从咖啡馆发展而来的。东印度公司经常在咖啡馆举行拍卖。咖啡馆通常会通过经纪人购买茶叶，将其中的一部分留做自己使用，另一部分则卖给他们的顾客。他们还会向外地的咖啡馆、药店和女帽店供货——在 18 世纪中叶之前，零售茶叶的不是食品杂货店，而是药店和女帽店。

　　位于法律庭院街对面的德弗洛庭院街上的特文宁茶叶世家就具有很典型的历史。托马斯·特文宁是东印度一位商人的雇员，他于 1706 年开办了汤姆咖啡馆。不久之后他就建立了一个生意兴隆的零售店，销售咖啡、巧克力、食糖、亚力酒、白兰地和茶叶。然而，也许是由于他在东印度贸易工作的经历，他开始专门从事茶叶销售。1711 年，安娜女王任命托马斯·特文宁为她的皇家茶叶特供商，并且从此以后英国的每一位君主都会重新授予特文宁家这个荣誉称号。1717 年，特文宁购买了邻近的汤姆咖啡馆的一座房子——他将其命名为"金狮"，专门用来销售散装咖啡和茶叶。到了 1720 年，他零售、批发的茶叶种类达到了 18 种。在他的个人顾客中包括许多律师、医生和牧师，其中 78 人是有爵位称号的。他还向伦敦和外省的许多咖啡馆以及伦敦、温彻斯特和切斯特的许多小酒店供货。他通过在伦敦、德维泽斯和南安普敦的药店与在马尔巴勒的布商和女帽商进行批发交易。

　　托马斯·特文宁或者在东印度公司的公开拍卖会上——这种拍卖会通常在博钦街的海洋咖啡馆举行——或者通过他的经纪人奥贝

德·史密斯购进茶叶。到了 1721 年，史密斯先生提供给他的货物的总价值达到了 10 万英镑。

1741 年，托马斯·特文宁的儿子丹尼尔继承了他的事业。当丹尼尔于 1762 年去世之后，他的遗孀玛丽继续经营他的生意。在 1783 年这一事业又传给了他们的儿子理查德。在整个这一时期他们的生意一直非常兴隆，茶叶的需求量正在以不可遏止的势头增长。然而在这一时期被走私到英国的大量茶叶使得合法的茶叶越来越难卖。理查德·特文宁竭力主张通过降低茶叶税遏制茶叶的走私活动。他出版了几个小册子，并且是茶叶销售商组织的主席。作为威廉·皮特的顾问，他是 1784 年《抵代税法》的主要推动者。该法大幅度降低了茶叶税，从而结束了严重的茶叶走私现象。

特文宁家族从此更加兴旺发达。1787 年，他们将生意扩展到了德弗洛庭院街以外的地方。他们在斯特兰德大街有一个店面，建造了一个很大的新茶叶仓库。在其入口处的上方有一只金狮雕像，在狮子的两边各站着一个真人大小的留着辫子、身穿鲜艳服装的中国人的雕像。这些雕塑现在仍然在那里，而特文宁家族仍然在销售上等茶叶。他们将提供普通茶叶的业务留给了大的国际茶叶公司，但是在特殊茶叶的批发和零售方面还有着相当大的业务。

18 世纪下半叶，零售茶叶的业务被从药店转移到了食品杂货店，这反映了茶的角色从药品到饮料的转变。税法对茶叶的交易者和销售者作出了严格的规定。他们需要获得许可并且在商店门口悬挂特殊的标志。为了实施《抵代税法》，税收人员对茶叶的销售商进行了详细的统计调查。1783 年，英国共有 33 778 个获得许可的茶叶经销商。在其所销售的茶叶中有三分之二是红茶，三分之一是绿茶。到了 1801 年减税之后，共有 62 065 个茶叶经销商。也就是说，在英国每 174 个人就有一个茶叶经销商。

茶：嗜好、开拓和帝国

18 世纪食品杂货店老板的商业名片

在 18 世纪 90 年代，弗里德里克·莫顿·伊登（Frederic Morton Eden）为写一本名为《穷人的状况》（*The State of the Poor*）的书而对英国各地开展了实地调查。他详细记录了全国各地穷人的饮食状况。从他的记录中可以看出，很多穷人都定期购买茶叶和食糖。一个典型的体力劳动者和他的家人每星期要购买 2 盎司[①]茶叶，再加上购买用于加入茶中的食糖，这两项费用占了其家庭收入的 5% —10%。到了 18 世纪末，对于整个英国人民 —— 不管是富人还是穷人 —— 来说，茶叶已经成为他们生活的一个重要的部分。

在 18 世纪的大部分时间，茶叶在北美洲英国殖民地的消费量也非常之大。茶叶最初被荷兰人带到新阿姆斯特丹 —— 也就是后来的纽约，并且很快就在那里成为一种流行的饮品，而在那个时候它在伦敦还没有站稳脚跟呢。美国东海岸一些州的居民也养成了饮茶的习惯。18 世纪上半叶，英国政府禁止东印度公司向美洲出口茶叶，它的茶叶必须在伦敦拍卖，然后再由伦敦商人运输到美国。由于这些茶叶在进口到英国的时候需要支付高额的税费，其价格非常昂贵，因此很容易受到走私茶叶的冲击。美洲的走私茶叶大多数来自瑞典和荷兰。据估计，在 1760 年美洲进口的 100 万磅茶叶中，有四分之三都是走私茶。为了扭转这一现象，英国于 1767 年通过一项法律，对那些被运送到美洲的茶叶实行退税政策，这基本上消除了走私茶叶的现象。1768 年英国出口茶叶的总量上升到了 90 万磅。

东印度公司从这一政策中获得了很大的利益，但是不久之后它

---

① 1 盎司约等于 28 克。——译者注

　　　　　　　　茶：嗜好、开拓和帝国

又遇到了更为严重的经济问题。该公司总是保存大量的茶叶库存。但是在 18 世纪 60 年代和 70 年代早期，日益增长的茶叶走私活动减少了其茶叶在英国的销量，同时也增加了其库存量。到了 1772 年，该公司总共有 2 100 万磅茶叶的库存，相当于四年的总销量。东印度公司陷入了严重的经济危机之中，因为它总共欠了政府 100 万英镑，其中包括未缴纳的税费。它向英国政府申请直接向美国出口茶叶，英国政府在 1773 年通过的《茶叶法》(Tea Act) 中批准了这一申请。由东印度公司出口到美洲的茶叶所应缴纳的税款是每磅茶叶 3 便士（八十分之一英镑）。

美洲殖民地的人民对这 3 便士的茶叶税十分反感。在英国国会长期以来就存在着是否应该对美洲居民征税的辩论。议会在 1765 年通过的《印花税法》(Stamp Act) 对美洲殖民地的报纸、票据和法律文件收税，这一法律被看做是英国政府压制反叛性报纸的一种企图，因而引起了许多律师的愤怒谴责。这一法律于第二年就被废除了，但是它加强了美洲殖民地的人民抵抗英国对其征收任何形式的税收的决心。

1767 年，新上任的财政大臣查尔斯·唐森开始对美洲殖民地的铅、油漆、纸张和茶叶贸易征税，准备用由此所得的收入建立一个殖民政府。殖民地的人民认为由此建立的政府将成为英国议会的附属品。他们想要自己征税然后用所得的收入建立一个政府，使之为美洲立法者服务。美洲殖民地的人民通过自给自足的方式使唐森的法律成为一张废纸。茶叶走私活动又恢复了，合法进口茶叶的数量大幅度下降。美洲殖民地的人民甚至用当地的一种植物的根茎制作了他们自己的"拉布拉多茶"。收税官成了英国政府压迫的象征，他们必须受到英国军队的保护。1770 年，一队保护收税官的英国军队在波士顿与一群暴民发生了冲突，并开枪打死了其中的一人。这引发了一系列抗议。殖民地的人民纷纷建立起通讯委员会来协调抵抗运动。

然而在随后的三年中情况似乎又在某种程度上恢复了正常。殖民地较为富裕的居民对暴民的活动感到十分不安，担心自己会因此而丧失其特权地位，所以减弱了与英国议会的对抗。但是 1773 年的《茶叶法》重新点燃了他们的怒火。他们不仅对这个 3 便士的税收感到十分恼火，而且还将东印度公司看做是对他们的商业利益的一种威胁。东印度公司不仅垄断了茶叶进口，而且还打算不再通过美洲原有的茶叶销售商，而通过支持在美洲建立英国政府机构的代理人销售茶叶。一些激进群体也号召人们抵制英国茶叶："不要饮用这种受到诅咒的东西，因为恶魔会随着这种东西进入你的体内，立即使你变成一个叛国者。"美洲各阶层的人民都团结起来，一起抵抗茶叶税。

与此同时，东印度公司按照它与英国政府达成的协议开始向美洲出口茶叶。该公司装满茶叶的商船启程前往北美，其中波利号（Polly）开往费城、南希号（Nancy）开往纽约，另外四艘——威廉号（William）、达特茅斯号（Dartmouth）、埃莉诺号（Eleanor）和比弗号（Beaver）——开往波士顿。这些商船分别于 9 月和 10 月初启程，预计将在四至八个星期内抵达目的地——具体到达时间取决于天气情况。在航行期间它们当然与外界失去了联系，因此不知道外界发生的情况。而此时美洲大陆抵制茶叶进口的运动正在如火如荼地展开。公众聚会演化成暴乱，而存储那些即将抵达美洲的进口茶叶的库房不可避免地成为暴民攻击的目标。

1773 年 11 月 28 日，东印度公司的第一艘运输茶叶的商船达特茅斯号抵达了美洲大陆，停靠在波士顿附近由英国军队防守的威廉要塞。波士顿市民举行了大规模的集会，他们决心阻止茶叶登陆或者缴纳税款，并且为此派人在要塞附近站岗。那些同意销售这些茶叶的商人拒绝与反叛者见面，他们不得不躲进了威廉要塞。达特茅斯号按照当地人的命令停靠在了格里芬码头，并卸下了船上除茶叶以外的货物。12月2日埃莉诺号也到达了该码头。威廉号在鳕鱼角搁浅。比弗号安全抵达波士顿港口，但是由于船上暴发了天花，它不得不在附近海域接受检疫隔离。

12月8日总督命令海军封锁波士顿港口，以防止运输茶叶的船只在未缴纳关税的情况下离开。12月14日，当地市民迫使达特茅斯号船长向海关提出申请，以争取他船上的茶叶在不缴纳关税的情况下通过海关。第二天这一申请遭到了正式的拒绝。1773年12月16日，当地居民举行了大规模集会，要求总督允许运输茶叶的船只离开港口，但是总督拒绝了这一要求。然后，据达特茅斯号的大副亚历山大·霍奇顿（Alexander Hodgdon）在航海日志上的记录：

> 在今天晚上6点到7点之间，大约有一千人来到了码头。他们中间有一些人身穿印第安人的服装并像印第安人那样叫喊着。他们登上了船，警告我和海关官员站在一边，然后打开了船舱盖，进入了船舱。在那里有80个装满茶叶的箱子和34个装了一半茶叶的箱子。他们将这些箱子抬到了甲板上，将箱子割破，然后将所有的茶叶扔进了大海。

这场波士顿茶叶事件持续了三个小时。这三条船上的所有茶叶都被倒进了大海。

运往查尔斯敦的茶叶被卸下了船，但是没有哪个商人敢接受它们，最终它们全部烂掉了。运往纽约和费城的茶叶后来被运回了伦敦。但是使英国议会最为恼火的还是发生在波士顿的暴力事件。议会通过一项法律，封锁了波士顿港口，在获得赔偿之前不解除封锁。另外它还通过了一项对殖民地实行直接统治的《强制法》（Coersive

Act）。北美的英国军队总司令盖奇将军被任命为马萨诸塞州的总督。殖民地的人民组织了抵抗，英国军队与当地的民兵发生了冲突。最终这场战争在 1775 年以美国独立告终。当时一首匿名的小诗对这一事件作了很好的总结：

> 有谁知道，一些微不足道的小事，
> 竟会导致如此怨恨，
> 如此可怕的事件？
> 有谁知道，一些被扔进大海的茶叶，
> 竟会使成千上万的人流血牺牲？

　　尽管失去了美洲市场，但是东印度公司的茶叶生意却越来越兴旺。它利用其对茶叶贸易的垄断地位将价格上涨了至少三分之一，从而赚取了巨额的利润。但是在此过程中它也与许多方面结下了怨恨。公众需要廉价的茶叶，这导致有人呼吁推翻该公司在茶叶贸易方面的垄断地位。18 世纪末期英国茶叶消费量的增长十分惊人。在 18 世纪的第一年，英国茶叶的消费量 —— 即使加上走私茶叶 —— 也不到 10 万磅；而到了该世纪的最后一年，茶叶的消费量达到了 2 300 万磅，增长了超过 200 倍。英国茶叶的进口量如此之大，以至于人们开始担心没有足够的银子从中国人那里购买茶叶了。

茶：嗜好、开拓和帝国

第二章

使中国人就范

我们不得不再一次对中国实施打击的时候很快就要到来了……为了使中国和拉丁美洲这些国家的半文明政府就范，我们每隔 8 至 10 年就需要教训它们一次。

——英国外交大臣帕尔默斯顿勋爵，1850 年

中国人有许多关于饮茶起源的传说。根据一种广为流传的神话，茶叶是 5000 年前一位叫做神农的皇帝发现的。传说道教的创始人老子在公元前 6 世纪游览四川的时候，曾经有人向他献过茶，而孔子也曾经喝过茶；还有人认为茶叶是由佛传到中国的。但是这些传说都是后人撰写的，很难得到确凿证据的支持。在这方面还有一个特别的困难，那就是在中国早期的历史上并没有"茶"这个汉字，而只有"荼"这个既可以指茶，也可以指由其他植物冲泡的饮料的汉字。直到公元 3 世纪才出现了"茶"这个在形体上与"荼"非常相似的汉字。但是很明显，中国人开始饮茶的时间要远远早于这个时期。

早期有关茶叶使用的记录主要描述了茶叶作为一种药物在缓解消化或神经系统症状方面的特性。还有的文献提到了它作为兴奋剂的作用。在公元第一个千年的较早的几个世纪，才逐渐出现了有关茶被用做饮料的记载。第一位详细描述作为饮料的茶叶的种植、加工和泡制

的人是公元 3 世纪的张仪，他介绍了四川和湖北的茶叶种植情况。在那里，茶农从经过修剪的齐腰高的茶树上采摘茶叶。茶叶被压成茶饼。张仪还介绍了泡茶的方法："首先将茶饼用火烘烤，直到其颜色发红，然后将其捣成碎片，放入瓷壶中。将开水倒在茶叶上，然后加入葱、姜和橙子调味。"正是在茶叶由一种苦药转化成为一种可口的饮料之后，其消费量在公元 5—6 世纪才有了很大的增长。张仪还介绍了茶叶的其他一些功效："饮茶可以醒酒，并保持头脑清醒。"

人们在汉代（公元前 206—公元 220 年）的几个坟墓中都发现了茶叶。在其中一个墓穴中有一个上面清楚地刻着"茶"字的青瓷容器。齐武帝（479—502 年）在他的遗诏中要求人们在祭奠他的时候供奉茶叶。至今有些中国人仍然保留着用茶叶作为死者的陪葬品的习俗：他们用红纸包裹着一些茶叶放在死者的嘴唇中间。

茶在唐朝（618—906 年）成为中国无可争议的国饮。在这个中国历史上的鼎盛时期，奢侈品的消费量在增加，帝国的疆域在扩大，对外贸易非常活跃。教育和科学事业欣欣向荣，在数学、天文、医学和印刷等方面都取得了重要的进展。诗歌和绘画盛行，许多中国人都认为这是一个黄金时代。

到了这个时候，王公贵族们早已养成了饮茶的习惯，而这个习惯很快就扩展到了社会的各个阶层。交通状况的改善使人们能够更加方便地在这个幅员辽阔的国家中运输各种物品。茶叶在中国各地流通，并且越来越受到人们的喜爱。在新的茶叶消费地区开辟了茶叶种植园。人们发现，如果将茶叶蒸了之后再压成茶饼的话，就可以去除其令人不愉快的"青涩"味道，另外在茶叶的压饼、穿孔和烘烤方法上也有了改进。经过压缩的茶饼不易变质，并且非常方便运输，因此深受居住在中国疆域之外的游牧民族的喜爱。

中国人在为茶园浇水

（版画，创作于 1820 年左右）

中国人在筛选晒干的茶叶

（版画，创作于 1820 年左右）

饮茶习惯在社会上普及之后，有钱人不可避免地会去寻求"高品味"的茶叶。人们在奢侈品方面总是有一种物以稀为贵的心理。因此生长在高纬度地区的茶叶由于种植困难、产量低而获得了高贵的地位。生长在高纬度地区的茶叶毫无疑问味道会更加清雅，但是有些好事者养成了专门到最偏远、最人迹罕至的地方去寻找茶叶的癖好。（这种对几乎无法获得的品种的渴求是中国茶叶历史上反复出现的一个主旋律。据说在四川蒙山出产的一种茶是如此之稀少，以至于仅有 7 棵茶树能够生产这种茶叶，每年产量只有 90 片茶叶。）茶的质量和价格能够显示一个人的身份。茶叶的泡制方法变得极为复杂，在煮茶所用的水、炭、茶壶和茶杯等方面都有严格的讲究，在这方面出现任何错误都是很丢面子的事情。在宫廷中饮茶成为一种仪式。为了确保整个过程符合礼仪，皇帝和大臣们还专门聘请了"茶师"。

中国最著名的茶叶权威就是出生在公元 8 世纪 30 年代，死于公元 804 年的陆羽。他所著的《茶经》是唐朝以来中国在饮茶方面最重要的一本书。该书提供了有关茶叶的各种知识：采收和加工茶叶的工具、泡制茶叶的设备、产茶地区以及各地区所产茶叶的品质等。然而，这本书中最引人注目的还是对煮茶和饮茶过程的充满诗意和敬意的描述。对于陆羽来说，茶远不只是一种饮料：

> 其沸如鱼目，微有声为一沸，缘边如涌泉连珠为二沸，腾波彭浪为三沸，已上水老不可食也。

陆羽坚持说，整个煮茶和饮茶活动都必须伴随着美 —— 因为这是一门艺术。用来煮茶的火炉上必须有装饰性的图案和文字；碾茶用的木棒必须是用橙树的木头做成的；滤茶器必须是用翠鸟的羽毛和银丝装饰的碧绿的丝绸。

尽管该书详细描述了与饮茶有关的各种细节以及饮茶的乐趣，但是它指出，过分饮茶是非常有害的，因为：

> 茶性俭，不宜广，广则其味黯澹。且如一满碗，啜半而味寡，况其广乎！其色缃也，其馨致也。

地方官员向皇宫进贡茶叶的做法也是在唐朝的时候开始的。一位地方官员向皇上进贡了少量陆羽曾经在皇宫中称颂过的茶叶，结果皇上非常喜欢，他命令该地方官员每年进贡这种茶叶。其中最好的留给皇上享用，剩下的分给皇亲国戚和高级官员。这种茶越来越受欢迎，每年皇宫的需要量都在增加。到了 8 世纪末，一共有 3 万人为了满足皇宫的需求而专门从事这种茶叶的种植和加工工作。

采收进贡茶叶的工作在晨雾中进行，这时茶叶还没有被太阳晒干，并且往往天还没有亮。指挥人员通过用鼓和钹发出的信号来控制采茶人员。他们采取非常的措施，以确保茶叶在采收时不受到污染。采茶人员都是妇女——传统上她们被描述为处女，并且她们被禁止食用蒜、葱或其他具有强烈气味的食物，也不能用手触摸茶叶——她们都戴着指尖部分开口的丝质手套，用指甲掐下茶叶的嫩芽。她们身上都带着一罐水，随时用来清洗指甲。后来贡茶的采摘工作得到了进一步的改进，茶叶的嫩芽是用金剪刀剪下来的。

唐代诗人卢仝是另一名对中国茶文化产生了重大影响的人物。他所写的一首名叫《茶歌》的诗，描写了他从喝第一碗茶到第七碗茶这一过程中的感受：当他喝第一碗茶的时候，仅仅是滋润一下嘴唇和喉咙，而当喝到第七碗的时候，他就感到两腋生风，飘飘欲仙了。

唐代之后的宋代（960—1279 年）是一个在文学和诗歌方面取

得巨大成就的时代，出现了许多有关茶和品茶方面的故事和诗。1107年宋徽宗写了一篇有关茶的文章，详细地介绍了茶叶的收获和加工以及饮茶在精神方面的益处。在此之前，大多数茶都是放在水中煮的——虽然早期的一些记录在这方面并不十分明确，而到了宋代，人们一般都是将烧开的水倒在碾碎的茶叶上，让它浸泡一段时间。在将茶水倒入茶杯之前一般都要搅一下。

宋朝的泡茶方法——使用碾碎的茶叶并在倒出之前搅一下——后来成为日本茶道的基础。虽然茶最初在 9 世纪就传入了日本，但是直到 12 世纪，在一些日本禅宗学者重新将其从中国引入之后，茶才在这个国家扎下了根。在茶叶使人保持清醒的功效与日本人长时间打坐的愿望之间有着密切的联系。日本的茶叶种植园与其他地方的不同。那里的茶树像长长的篱笆一样一行行地排列着，用于采茶的树冠不是平的，而是呈整齐的圆弧形，颇具禅宗的美感。日本人只生产绿茶，而且他们生产的大多数绿茶比别的地方生产的绿茶更绿，这是因为他们在采茶之前的三个星期中用草席将茶树罩住，以增加幼芽中的叶绿素。

中国泡茶方法的最后一次大的变化发生在明朝（1368 — 1644年）。也就是在这一时期中国茶叶首次传入了西方。在明朝，家用瓷器的制作有了很大的发展，那时人们在喝茶的时候不再使用石具，而是使用精美的瓷器，并且从此以后瓷器成为中国以及后来西方的人们通常所使用的茶具。大量的中国瓷器随着茶叶一起被运送到西方。最初，瓷器作为一种新出现的时髦用具在西方的价格很昂贵，后来随着价格的降低，它的使用越来越普及。瓷器的运输成本很低，因为它们可以被用做压舱物，以使船的重心保持在水下。（而从欧洲开往中国的商船一般都会使用中国缺少的铜作为压舱物。）木船总是会渗水，而茶叶又对湿气非常敏感，因此瓷器就成为铺垫船舱底部的最理想的物品，它几乎总是被用来作为堆放丝绸和茶叶等物品的平台。

在明代，被压成饼、球或砖状的茶叶逐渐被松散的茶叶所取代。当茶叶传入西方的时候，中国各地已经普遍使用松散的茶叶了。人们在泡茶的时候将开水倒在茶叶上，让茶叶在水中浸泡一段时间，然后将茶水倒入没有把手的瓷杯之中，在饮用之前也不用搅了。这也是西方人所效仿的泡茶方法。

但是茶砖的生产在中国并没有停止，并且至今仍然在继续。这些茶砖主要卖给中国周边的一些游牧民族。压缩的茶叶具有容易保存和不易变质的优点。在茶砖内部很少有空气流通，这使它不容易受潮或被其他气味所污染。但是，保存良好的松散茶叶所泡出的茶水毫无疑问要比砖茶所泡出的茶水味道更好。

明代还出现了将花瓣掺入茶中制成的花茶。在此之前曾出现过将带有香味的植物油加入茶中的做法，而特别喜爱花朵的明朝人则在茶叶中加入荷花、玫瑰花、栀子花、橙子花，特别是茉莉花的花瓣，以使其带有这些花的香味。他们将花瓣和茶叶按照一比三的比例一层一层地放进一个罐子中，将罐子密封，放进水中煮，然后再将罐子中的花茶取出烘干。

明朝人的另一项主要的创新就是红茶。大多数中国人都喜欢喝绿茶，他们认为红茶只适合外国人喝。在明代之前似乎没有关于红茶的记录。究竟最初人们如何以及为什么制作红茶，至今仍然是一个谜。但是这种茶很受居住在长城以北地区的民族的喜爱。汉人用茶与这些民族交换马匹的贸易早在唐朝就开始了，而到了明朝交易量大大增加。当时在西北边境地区设置的同少数民族进行茶马贸易的中介机构茶马司，仅在一年之中就用 100 万磅茶叶向少数民族换取了 2 万匹马。用于交换马匹的茶叶大多数都是红茶。为了生产这些茶叶，茶马司控制着大量的茶叶种植园。最初出口到西方的茶叶是绿茶，但是红茶很快就被传入西方，并且最终主导了西方人的品味。

具有讽刺意义的是，茶叶这种注定会在世界上最有价值的作物，却偏偏是在明朝这个使中国人变得闭关自守的朝代开始从中国出口到西方的。在明朝，中国人确信自己比世界上任何其他民族都要优越，因此他们决定将自己与任何国外的东西隔绝开来。中国人与西方的直接贸易逐渐减少，并且在1521年宣布这种贸易为非法。茶叶贸易必须通过一些中间人——日本人、朝鲜人和欧洲人——来进行，以免使中国人受到玷污。

茶叶是从一种常青树木上采摘的。陆羽在《茶经》中写道：

> 茶者，南方之嘉木也。一尺，二尺，乃至数十尺。其巴山峡
> 川有两人合抱者，伐而掇之。

对于那些只见过长着齐腰高的茶树的一般茶叶种植园的人来说，以上这种描述一定会让他们感到非常吃惊。事实上，如果给茶树足够的生长空间并且不对它们进行修剪的话，茶树可以长到12米或者更高。在中国云南省靠近缅甸的边境地区，有一棵据信已有1 700岁的野茶树，最后一次测量的时候，它的树干直径超过了1米，树高达33米。即使是不断修剪的茶树，也长有极为发达的根系，其主根长达6米多。正是由于这种发达的根系不断地向受到严重修剪的树冠提供养分，才使它不断地长出新芽，并且通过定期采摘生产优质茶叶。

茶树（Camellia sinensis）是山茶属植物中的一种。多年来西方人一直认为有两种茶树：一种生产绿茶，一种生产红茶。而实际上任何茶树都可以生产这两种茶叶。尽管如此，西方人的这种观点还是

有一定道理的，因为有很多种不同的茶树，其中有些生产的茶叶更适合于做红茶，而有些则更适合于做绿茶。

茶叶最适合在深厚、肥沃和酸性的土壤中生长。它喜欢年降水量为 250 厘米的湿热气候。夜晚较低的气温会减缓茶叶的生长，但是会使茶叶的味道更好。满足以上茶叶生长要求的地区主要位于热带或热带附近的高原或高山，而如今大多数商业种植的茶树也都分布在这些地区。在中国种植的茶树品种比其他大多数品种更加耐寒，并且能够抵御轻微的霜冻，这使得中国人能够在赤道以北很远的地区种植茶树，但是产量相对较低。

由于中国茶树生长的纬度和高度都比较高，因此茶叶采摘的频率也远比生长在热带地区的茶树要低。在 17 世纪，一位广东商人曾经向一位东印度公司的商船船长这样介绍茶叶的采摘周期：

> 在 3 月份月亮缺一半或者四分之三的时候所采摘的茶叶是品质最好的；
> 在 4 月份所采摘的茶叶属于二级品质；
> 在 5 月份所采摘的茶叶属于三级品质；越往后，所采摘茶叶的品质越差。

他还补充说："在山上生长的茶叶品质最好。"这印证了中国的一个说法："高山出名茶。"

虽然现在中国有些茶叶的制作程序已经机械化了，但是在本质上它们还是明朝的时候所使用的那些方法。要想做出好茶来，在采茶的时候就必须非常小心。只有新长出的嫩芽才能够用来做茶，而老一些的叶子则必须扔掉。新芽在生长一段时间后就会变得粗糙，因此茶树必须定期采摘。最经典的标准就是只采摘一芽两叶。质量最高的贡茶采摘的标准更为严格,只摘一芽一叶,或者只摘新长出的嫩芽。而普通的茶则包括一个嫩芽、它旁边的两片叶子以及几片更老一些的叶子。

采摘下来的茶叶被放进采茶者背着的一个篓子或袋子中,随后被送到加工厂。茶叶受到的任何损伤都会导致植物细胞破裂,释放出酶,使茶叶发酵(更准确地说是氧化)变成棕色。因此在采摘的时候必须非常小心,以防茶叶破损。茶叶不能受挤压,不能堆得太高,运送到加工厂所用的时间也不能太长。尽管如此,一旦茶叶被采收,无论在处理的时候如何小心,总会有一些茶叶会受损,导致发酵。在加工开始之前必须尽可能减少茶叶的损伤,为此加工厂都设置在离茶叶种植园几公里以内的地方,并且生产茶叶需要相当多的专业知识和技巧。所有这些要求都意味着小规模的茶叶种植园主是无法加工其自己所种植的茶叶的。因此,大多数茶叶加工厂都服务于一个大种植园或者几个小种植园。

在加工厂中,新采摘的茶叶被平铺在笸笠上,以晾干露水和其他多余的湿气。如果要生产的是绿茶,那么现在就必须通过加热杀死酶的方法终止发酵过程。可以通过将茶叶蒸或者烤几分钟的方法达到这一目的。烤茶要用非常温和的火。将茶叶倒在一个很浅的铁锅中,放在炭火上,不停地翻动,直到将茶叶加热到发烫但是仍然可以用手抓起的程度,然后将它们一点点地倒在卷茶桌上。

在用细柳条做成的卷茶桌上,工人将茶叶放在手掌和桌子之间揉捻成球,以排除湿气,并使茶叶卷曲。如果茶叶仍然含有太多的水分,那么短暂的烘烤和揉捻过程可能要重复几次。然后茶叶会被倒回到铁锅里进行长时间的最后烘烤,这可能需要一个小时或更长的时间。在此过程中需要不停地用手翻动茶叶,以防止它们变成黑色。经过这一最终的烘烤程序之后,茶叶制作过程就完成了。剩下来要做的就是筛除杂质,并将茶叶分成不同的等级。

中国卷茶桌

（版画，创作于 1847 年左右）

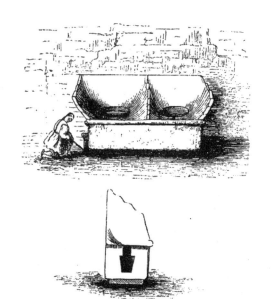

中国人烤茶叶用的炉子和铁锅

（版画，创作于 1847 年左右）

制作红茶的过程与制作绿茶的过程基本相似，只是在加工过程中不仅不阻碍而且还要促进受损茶叶的自然发酵过程。当新采的茶叶被运送到加工厂之后，它们会在竹制托盘上放上几个小时或者一个晚上。工人们首先用手翻动拍打茶叶，使其变软，将其中的酶释放出来，使茶叶变成褐色，然后再进行烘烤和揉捻。在红茶最后的烘烤过程中，所用的火候要比绿茶大得多。茶叶不是被倒在铁锅中，而是被放在筛子上进行烘烤。由炭火产生的热空气可以穿过筛子，直接作用于茶叶。在烘烤的最后阶段还要将筛子盖住，以增加温度。这一过程会使茶叶的颜色完全变黑。

有些茶叶的制作程序介于绿茶和红茶之间。比如乌龙茶就是在烘烤之前先让茶叶部分发酵。这些茶的外观和口味介于绿茶和红茶之间。

19 世纪上半叶英国的人均茶叶消费量增长很少。1800 年人均茶叶年消费量为 1.5 磅，在 1850 年增长到差不多两磅。但是由于在这一时期英国人口迅速增长，因此茶叶的总消费量实际上翻了一番。几乎所有这些茶叶都来自中国。

英国人是一个了不起的贸易民族，特别善于利用自己所生产或买卖的东西去换取自己所需要的商品。但是中国人几乎不需要从英国人那里获得任何东西，他们确信自己生产的东西比英国人试图卖给他们的任何东西都要好。他们只对白银感兴趣。这给英国人造成了很大的困难，因为出口如此大量的白银会使英国货币贬值。中国人对棉花的需求在某种程度上缓解了这一矛盾。中国越来越多的土地都被用来种植利润丰厚的茶叶，以至于他们不得不减少棉花的种植。而印度则

茶：嗜好、开拓和帝国

生产棉花。因此控制着印度的东印度公司得以用棉花交换白银，然后再用白银购买茶叶。然而中国人对棉花的需求量远远低于英国人对茶叶的需求量。对于英国人，尤其是东印度公司来说非常幸运的是，中国人对于另一种商品——鸦片——的需求量正在日益上升。而印度则生产鸦片。

鸦片是将从罂粟（Papaver somniferum）未成熟的蒴果中榨取的汁液晒干后的产物。罂粟原产于亚洲西南部。早在古希腊和罗马时期人们就知道这种植物，它很可能是由阿拉伯人带到印度的，具体时间已无从考证，但是到了16世纪的时候它已经在比哈尔广泛种植和买卖了，并且很可能已经出口到了中国。

似乎阿拉伯人也曾经将鸦片带到中国。中国人有关鸦片的记录比印度的有关记录出现得更早、更为完整，而鸦片被引入中国的时间则比有关鸦片的文字记录出现的时间要早得多。但是阿拉伯人拜访印度的时间似乎要比他们拜访中国的时间早，因此印度人接触鸦片的时间也应该比中国人早。有关史料显示，阿拉伯人在17世纪曾经访问过广东；另外有史料表明，中国人也就是在这个世纪开始种植罂粟的。公元973年，宋太祖曾经命令有关人员对罂粟开展过一项医学调查，该调查报告写道：

> 这种植物的种子具有解除病痛的功效。服用了不老仙丹［汞？］并在其强烈的作用下丧失食欲的人，可服用由罂粟子和竹子汁煎熬而成的汤汁以缓解这种症状。

在随后的几个世纪中，史料记载表明，中国人曾用鸦片治疗从咳嗽到痢疾的各种疾病。另外还有记录表明，中国人在16世纪的时候就已经开始生产鸦片了。至于当时他们是否将鸦片用于医疗以外的目的，已无从考证了。但是考虑到其他国家的经验以及这种药物的成瘾性，这似乎是很有可能的。

鸦片的消费方式随着烟草的出现而发生了改变。烟草在 1620 年由西班牙人从美洲带到了菲律宾，然后又从菲律宾传入中国。明朝最后一个皇帝崇祯（1628—1644 年在位）曾经试图禁烟，但是这一努力由于烟草太受中国人的喜爱而以失败告终。不久人们就在烟草中加入各种药物以尝试其效果。中国人曾经在烟草中加入砒霜（现在仍然有人这么做），但是他们最喜欢添加的还是鸦片。

如果只是少量服用的话，鸦片的成瘾性并不大，其对人体的作用通常也不严重。在中东和南亚有许多人出于娱乐的目的而服用鸦片，虽然这种药物对他们的能力产生了影响，但是他们仍然能够继续工作。据说有很多西方人定期服用鸦片，但是仍然照常工作和生活。过分服用鸦片通常是使用它来镇痛所导致的，并且会导致非常严重的后果，科尔里奇、德昆西和印度的克莱夫都曾因过分服用鸦片而饱受折磨。而抽鸦片的后果则要严重得多。中国早期的 一个历史资料曾对抽鸦片的后果作了简要的描述：

　　那些没有固定工作的堕落青年男子经常在夜晚聚集在一起抽鸦片：这已经成为他们的一个习惯。鸦片馆通常会向其顾客提供用蜜糖制作的各种精美食物，以及 10 盘或者更多的水果，以供他们在抽鸦片的时候享用。为了吸引新的顾客，他们为第一次吸食者免费提供鸦片。过了一段时间之后这些人就离不开这种东西了。为了到那里去吸食鸦片，他们甚至会卖掉自己所有的财产。吸食者可以整晚不睡觉，彻夜狂欢。他们还将鸦片用做壮阳药，使他们能够享受各种肉欲。过了一段时间之后，他们发现自己已经不可救药了。只要有一天不抽鸦片，他们的脸就会突然皱缩，变得龇牙咧嘴。他们会变得毫无生机，似乎马上就要死去。但是在抽了一支鸦片之后，他们就又恢复了正常。在三年之后，所有这些人都死掉了。

在那个时候，鸦片吸食还仅限于沿海省份和台湾岛，尽管如此，位于北京的清朝政府已经对此感到非常不安，并于 1729 年禁止销售用于吸食的鸦片。政府对鸦片的吸食者没有采取任何措施，但是开设鸦片馆的人将会受到监禁和绞刑的处罚。然而鸦片仍然源源不断地被进口到中国。表明上它们用于医疗的目的，但实际上其中许多都是用来吸食的。贩运鸦片的商人通过向海关官员行贿排除障碍。在 1727 年中国的鸦片进口量为 200 箱（一箱大约为 140 磅鸦片）；而到了 1767 年，进口量上升到了 1 000 箱。这些鸦片大多数来自印度。

在 16 世纪，当莫卧儿人控制印度大部分地区的时候，官方对鸦片的种植没有任何控制。阿克巴皇帝（1556—1605 年）实施了对鸦片种植和销售的国家垄断，随后的莫卧儿皇帝通过将这种专属经营权承包出去的方式增加财政收入。政府对罂粟的种植仍然没有任何限制，但是种植园主必须将收获的罂粟卖给政府的承包商。这些承包商用罂粟制造鸦片，将其卖给经销商，用于印度国内销售或者出口。鸦片出口贸易由不同的欧洲国家——主要是荷兰——控制。在英国控制孟加拉之后，这种做法仍然在延续。

1773 年，英国从莫卧儿人那里夺取了对孟加拉和比哈尔地区的控制权，并且取得了对鸦片贸易的垄断。然后他们将这种专属经营权租让给承包商，给予他们购买在东印度公司所管辖的领土上种植的所有罂粟并制造鸦片的专属权利，以及从周边国家进口鸦片的专属权利。然后所有适合出口的高品质的鸦片都必须以固定的价格卖给东印度公司。然而，由于那些承包商对种植罂粟的农民的压榨过于严重，鸦片的产量和由此产生的收入逐渐下降，东印度公司最终不得不直接从种植者那里收购罂粟。最初东印度公司直接将鸦片销售到中国和东南亚地区，但是这一做法是违反公司章程的。后来它在加尔各答拍卖用于出口的鸦片，而对于出口鸦片的最终目的地则不闻不问。

在英国管辖区之外，由独立的君主所统治的印度领土上有几个重要的鸦片产区，它们大多数在印度中部和拉贾斯坦。在这些地区生产的鸦片被统称为马尔瓦（Malwa），是以其中的一个地区命名的。在英国人到达印度之前，荷兰人和葡萄牙人就已经在那里出口马尔瓦鸦片了。在传统上这些鸦片一直是通过孟买出口的，英国人在控制孟买之后于1803年终止了这一做法。尽管如此，仍然有可能在英国管辖区之外的其他地方出口鸦片。英国人用了很多年的时间才终于在1843年将这些领土征服或者将其包围起来，并对从那里出口的鸦片征收高额的通行税。在其顶峰时期，在印度从事鸦片产业的人员总数将近100万。

至于为什么中国人偏爱印度鸦片，这一直是一个不解之谜。罂粟在中国生长得很好。鸦片并不是一种很难种植和生产的作物，它的生产过程要比优质茶叶的生产过程简单多了。就像其他消费商品一样，这很可能只是一个习惯问题，或者说是一种心理问题——人们总是希望继续享受过去经历过的快乐。可以肯定的是，在印度，人们一直在努力生产一种中国人所能够接受的鸦片。在印度的一位英国鸦片官员于1836年写道："孟加拉鸦片机构的最大目标就是向中国提供一种适合中国人特殊口味的产品。"

在18世纪的最后10年中，中国皇帝注意到了两个令人担忧的新情况：首先，肆无忌惮地吸食鸦片的现象已经蔓延到了京城；其次，虽然鸦片只是作为药物进口的，但是每年进口到中国的鸦片总量已上升到了4 000箱。购买这些鸦片所花费的白银总额已经影响到了收支平衡。中国皇帝于 1796 年禁止了一切白银出口和鸦片进口。

这一禁令增加了中国鸦片的产量，但是除此之外并没有带来多大的变化。东印度公司禁止它自己的商船运输鸦片，但是它很乐意许可其他商船运输这种货物。各种各样的人都可以在该公司位于加尔各答的拍卖会上或者直接从马尔瓦购买孟加拉或者马尔瓦鸦片，然后将其走私到中国。

这种走私活动是在收受了大笔贿赂的中国官员的默许下完成的。在孟加拉和马尔瓦鸦片生产地之间的价格战降低了鸦片的价格，同时增加了鸦片的消费量。1820 年，清政府为遏制鸦片贸易作出了一些努力，并成功地阻止了运鸦片的船在广东黄埔港卸货物。但是走私者很快又想出了一个对策：他们将鸦片卸到停靠在珠江口的伶仃岛边上的储存船中。这些走私船都配备有大量的武器，以防其被中国人缴获。鸦片仍然像以往一样沿着珠江被走私进中国，沿途的中国官员也像以往一样继续收受贿赂，只是走私者换成了中国人。这些走私者还将白银带出中国用于购买鸦片。这些走私出中国的白银中，有一些用来购买中国茶叶和其他物品，但是它们中的大多数被运回印度，用来购买更多的鸦片。

美国人也参与了贩卖鸦片的勾当。由于印度的鸦片已经被英国人所垄断，因此他们只好到土耳其去寻找货源。在 1818 年到 1833 年之间，美国人共向中国走私了价值近 500 万美元的鸦片。而在同一时期，英国人向中国走私了价值超过 1 亿美元的鸦片。美国从事这种生意的主要是拉塞尔公司（Russell & Company）。该公司的船只悬挂美国国旗，其中一艘鸦片走私船的船长成为该公司的总裁，而他的继任者是瓦伦·德拉诺二世，也就是美国总统富兰克林·德拉诺·罗斯福的外祖父。

到了 1830 年，中国进口印度鸦片的总量达到了每年 1.8 万箱，相当于250万磅，其价值远远超过了中国出口的所有茶叶的价值——大约900万西班牙元。（西班牙元是中国人所喜欢使用的货币，但是墨西哥元以及其他货币也在中国流通。当时每英镑可以兑换超过4个西班牙元。900万西班牙元大约相当于220万英镑。）英国商人看到了进一步增加鸦片销量的机会。他们在贾丁—马西森（Jardine Matheson）金融公司的创始人威廉·贾丁（William Jardine）大夫的带领下，开始沿着中国海岸向北开展贸易活动，不断开拓新的市场，培养新的瘾君子，赚取新的利润。

威廉·贾丁于1784年出生于苏格兰的一个农场，他在18岁的时候就从爱丁堡的皇家外科学院获得了学位，在毕业的当月就作为一位船医的助手来到了中国。就像其他官员一样，他拥有携带一定重量的个人货物的特权。他可以携带的个人货物的重量是2吨。虽然这只是高级官员可以携带的个人货物重量的一小部分，但是这为他获取丰厚的利益提供了足够的空间。贾丁利用这种特权从事了15年的走私活动，到1817年他已经在东方建立了广泛的商业联系。他于第二年从伦敦来到了孟买，在那里他与印度的帕西人商人联手运营一艘与中国进行贸易的商船。1822年贾丁移居广东，开始大量贩运鸦片，并攫取了巨大的财富。1828年他与另一名从事鸦片走私生意的苏格兰人詹姆士·马西森（James Matheson）联手成立了贾丁—马西森公司。贾丁虽然为人和蔼可亲，但是却非常能干，并且性格坚强。据说为了提高工作效率，他的办公室中没有摆放一把椅子。有一次他在广东的请愿门递交一份文书的时候被人从后面用竹棍狠狠地打了一下，但是他却连头都没有回。从此以后中国人就给他起了一个"铁头老鼠"的绰号。

贾丁和他的外国同伙们大大地开拓了中国的鸦片市场。到了1838年，孟加拉和马尔瓦出口的鸦片总量达到了475万磅，鸦片已经成为世界上最有价值的商品。大量的中国白银流入了印度，它们被英国人用来加速殖民化和征服新的领土。而剩余的白银——其数量相当巨大——则被运送回英国。在 19 世纪 30 年代，每年从印度运回英国的白银的价值就达 400 万英镑。

白银在中国和英国之间的流动生动地反映了英国鸦片贸易所带来的贸易收支差额方面的变化：在 19 世纪第一个 10 年，英国向中国出口 983 吨白银；而在 19 世纪 40 年代，中国反而向英国出口了 366 吨白银。

与此同时，东印度公司的角色发生了根本性的变化：议会取消了该公司在中英双边贸易方面的垄断地位。从 1834 年 4 月 22 日起，任何人都可以从事与中国的贸易。一年之后，政府重新颁发了该公司的特许状，从而改变了它在印度的地位。从此之后，它实际上成了英国政府的一个机构，以政府的名义管理印度这个殖民地并征收税款，而不再以自己的名义开展贸易。在 1857 年印度"叛乱"之后，该公司的这一特权也被剥夺了，英国政府对英属印度殖民地实行了直接统治。当然东印度公司得到了政府慷慨的补偿，而用于补偿的钱则出自印度人身上。

中国与西方之间的贸易最初是由葡萄牙人开始的。他们的一个船队于 1517 年来到广东，并在中国沿海的不同地方建立了"工厂"（贸易站）。1545 年中国对他们实施了攻击，许多葡萄牙人被杀死，他们的船被摧毁。到了 1549 年他们所有的工厂都被关闭了。然而在 1557 年他们又获准在澳门——在广州南边 110 公里的一条大约 3 公里长的狭窄土地——重新建立贸易站。

第一艘英国商船于 1637 年来到广州，但是直到 1699 年英国人才得以开始常规贸易并建立了一个工厂。中国人在广州为外国人划出了 6 万多平方米的土地，以供其建立贸易站。英国人与荷兰人、法国人、美国人、西班牙人和丹麦人挤在一起。为了避免让外国人认为他们对这块土地拥有任何权利，中国人只允许他们在一年之中在那里居住六个月，另外的六个月他们只能居住在澳门，并且他们被禁止进入中国的其他地区。在澳门的这六个月的强迫居住很受外国人欢迎，因为中国人禁止他们将任何女人 —— 不管是妻子还是情人 —— 带到广州去，并且也禁止他们接触中国女人。而在澳门，他们可以和家人在一起，与其他女人交往，或者去逛当地的很多妓院。

自大的中国人拒绝与任何不愿意俯首称臣的国家建立外交关系。外国商人必须通过一个叫做"公行"的受到中国政府监管的中国商人行会组织开展贸易活动。

东印度公司的地位的改变对广州产生了严重的影响。当该公司的垄断地位结束之后，英国政府决定任命一位商务总监 —— 内皮尔勋爵 —— 来处理英国商人与中国人之间的关系。内皮尔根据外交大臣帕尔默斯顿勋爵的指示前往广州向广东省巡抚递交国书。

内皮尔于 1834 年 7 月到达广州，但是巡抚拒绝接受他的国书并且命令他离开广州去澳门。内皮尔拒绝离开，于是中国政府就对英国人的工厂实施了封锁。内皮尔叫来了两艘小型护卫舰，而中国人则封锁了河口并且调集了 68 艘舢板战船。内皮尔于 1834 年 9 月 21 日以非常不光彩的方式离开了广州，并在 10 月份因伤寒死于澳门。随后贸易又恢复了正常状态。

随着滥用鸦片的现象日益严重，人们纷纷向在北京的中国皇帝提供各种对策。一些官员主要担心的是鸦片使中国货币受到的威胁，而不是它所导致的某些中国人的堕落，因此他们希望将这种毒品合法

茶：嗜好、开拓和帝国

化。而另一些官员则希望采取有效的行动实施对鸦片的禁止。皇帝采纳了后者的建议。这些建议包括对吸食鸦片的瘾君子处以死刑（但是给他们一年的时间，看看他们是否能够戒除鸦片），并且严惩包括外国商人在内的所有贩卖鸦片。1838 年的最后一天，这一强硬政策的主要倡导者林则徐被任命为钦差大臣，前往广东对鸦片"斩草除根"。

林则徐当时 53 岁，其在官场上的职业生涯极为丰富多彩。他曾经担任过监察御史、布政使、湖北和湖南巡抚等职务。他以公正和人道而著称，被人们称为"林青天"。1838 年 7 月，他上奏皇帝，要求严格实施禁止鸦片的法律，并建议采取销毁吸食鸦片的工具、限时戒除鸦片以及严惩走私、贩卖鸦片者等一系列措施。他在自己管辖的省份内非常成功地实施了这些措施。林则徐被召到北京商讨禁烟对策，他总共受到皇上 19 次召见并使皇上确信他林则徐是处理广州局势的最佳人选。

林则徐一点儿时间也没有浪费。他于 1839 年 1 月 8 日带着少量随从离开北京前往广州。这是一个曲折而又漫长的旅程，因为他们主要走的是水路，而在地势较高的地区则有暴风雪。整个旅程用了两个月的时间。但是在此之前林则徐已让先遣人员乘快马赶到了广州并且逮捕了一些鸦片贩子。美国商人以及部分英国商人决定放弃鸦片贸易，只有贾丁—马西森公司所带领的一小撮英国人和由希之皮·罗心治（Heerjeebhoy Rustomjee）带领的一些印度巴斯人继续在贩卖鸦片。

林则徐于 3 月 10 日乘船正式进入广州城，八天之后他召开了公行会议。在会上，他严厉斥责了公行对鸦片进入中国和白银流到国外的情况视而不见的叛国行为，并命令公行与外国人交涉，要求他们交出其船上的所有鸦片，否则将没收他们的财产，并且会处决其中的一些人。林则徐还禁止一切外国人离开广州。

外国人在相互协商之后同意交出 1 056 箱鸦片，以表示一种姿态，但对于林则徐来说这是不够的。他下令逮捕他认为是主要鸦片贩子的兰斯洛特·登特，并封锁了外国人的工厂。刚刚赶到的英国商务总监查尔斯·埃利奥特①也被困在广州。在被围困了 49 天之后，埃利奥特下令所有的英国鸦片贩子将他们的鸦片交付中国政府销毁，并保证他们可以从英国政府那里得到补偿。当时大多数鸦片都属于英国和印度的巴斯公司，但是美国人仍然有一些存货，他们失去了 1 000 箱鸦片。总共有价值 900 万美元的 20 283 箱鸦片被倒进了大海。

在涉及如此多钱的情况下，英国人不可避免地会向中国派出远征军。英国的外交大臣帕尔默斯顿勋爵极为好战，以其"战舰外交"而出名。他在 24 岁的时候就被任命为军机大臣，并且担任该职务达 19 年之久。虽然媒体有时将其描述成一个浪子并且称之为"丘比特勋爵"，但实际上他工作非常努力。他晚上通常要工作到凌晨 1 点，站在特制的一个很高的办公桌前办公，以保持头脑清醒。他竭力在全世界推行其侵略性的外交政策。在其担任外交大臣的 11 年中，他曾经动用海军对付过那不勒斯国王和埃及总督。他还对鹿特丹、那不勒斯、阿卡和贝鲁特进行过封锁。

帕尔默斯顿与恰好在林则徐到达之前离开广州的鸦片贩子威廉·贾丁商量之后，下令封锁中国的主要港口。只有在中国政府赔偿其所缴获的鸦片并支付英国派遣远征军的全部费用之后，他才同意解除封锁。他还要求中国向英国商人和他们的鸦片开放市场，并且将一个岛屿割让给英国。

---

① 又译"懿律"。——译者注

麦考利代表政府在议会发言。他宣布在广州的英国商人：

> 应该对悬挂在他们头顶的那面胜利的旗帜充满信心。这一旗帜告诉他们，他们属于一个不甘失败、屈服和耻辱的国家。这个国家曾经以令敌人胆寒的方式为其国民所遭受的不公待遇讨回过公道；曾经在她受辱的领事面前将阿尔及利亚湾夷为平地；曾经在普拉西为印度黑洞中的受害者报仇雪恨，并且自从伟大的护国主发誓要使英国商人的名字像罗马市民一样受到尊重以来，其名誉从来没有遭到过其他国家的毁损。

在议会中反对发动战争的主要人物是格拉德斯通。他说："我从来没有见过，也没有听说过出于如此邪恶的目的、将会使这个国家永久蒙受如此耻辱的战争。"政府坚持其派遣远征军的目的是保护自由贸易，而不是强行销售鸦片，它在议会占了上风，并获准发动战争。

中国人完全低估了英国战争机器的效率。由于与外部世界隔绝，中国军队的武器装备过时，士兵受到的训练极差。他们平时练习复杂的剑术，而这一套东西根本无法抵御英国军队所配备的最新式的滑膛枪。中国官员高傲自大，他们甚至相信那些自称能够潜伏在河底凿沉英国战舰的武术大师。

1840 年 6 月，英国人在澳门沿海聚集了一支由蒸汽轮船、装载了 4 000 名士兵的运输船和 16 艘战舰组成的舰队。帕尔默斯顿不想在广州与中国人开战，而是将战火直接烧到北京，迫使中国皇帝屈服。英国人在广州只留下了一些象征性的部队，而将舰队开到了广州以北 1 290 公里的舟山。他们的计划是攻克舟山，以此作为对中国政府的警告，然后再向北开进到离北京不远的海岸，从那里向中国皇帝提出他们的要求。舰队从英国鸦片走私船上借用了导航员。

英国人轻而易举地攻下了舟山。舟山岛上的居民在刚开始看到英国舰队的时候还非常高兴，以为它们是来做生意的。但是英国人很快就让岛上的居民明白了，他们要对方投降。当这一要求遭到中国人的拒绝之后，英国人开始对舟山进行炮轰，把它炸成了一堆瓦砾，然后对其实施了劫掠。

舰队继续北上，到达了离北京 160 公里的塘沽。中国人担心英国人攻打北京，因此同意谈判。但是谈判没有取得任何进展。帕尔默斯顿的信和英国在经济方面的要求让中国人感到震惊，而英国人则拒绝讨论中国人提出的禁止向中国进口鸦片的要求。由于英军缺乏可以用来沿河流进攻北京的浅吃水船，因此他们调转船头向南航行，准备在广州开战。

这时林则徐已经不在广州了，他被革职流放到了中俄边界。（林则徐后来得到了朝廷的重新启用，又一次担任了巡抚的官职。在其职业生涯的最后阶段，他曾担任钦差大臣，前往广西镇压反叛。1850年他在任职期间死于疾病。在他死后，中国人将他视为民族英雄，并为他建造了几个纪念堂。1929 年中国政府将林则徐开始在广东销毁鸦片的日子定为禁止鸦片日。如今林则徐受到国内外华人的广泛尊敬，在纽约市有一条街就是以他的名字命名的。）

接替林则徐担任广州钦差大臣的是曾经在塘沽与英国人谈判的琦善。见识到英国军队厉害的琦善与埃利奥特开始了和谈，他们就帕尔默斯顿的一部分要求达成了协议，但是在割让港口的问题上陷入了僵局。随后，在英国人攻占了守卫广州的炮台后，谈判又重新开始。琦善同意赔款并割让香港。但局势的发展让琦善始料未及，这时皇上

茶：嗜好、开拓和帝国

已经召集了一支灭洋大军，准备将外国人赶出中国。琦善被撤职查办，并被用锁链捆绑着离开了广州。

而埃利奥特也被撤职，因为帕尔默斯顿认为他在与中国人谈判的过程中态度不够强硬：

> 在整个过程中，你似乎始终将我的指示当做完全可以不予理睬的耳旁风，根据自己的喜好随心所欲地处理涉及国家利益的事务。

接替埃里奥特的是亨利·波廷杰①男爵。

波廷杰以做事果敢著称。他于1789年出生在贝尔法斯特附近的一个没落的家庭之中。这个家庭的五个儿子都被送往印度谋生。亨利在12岁的时候就成为一名见习船员，14岁的时候去了印度。在到达印度不久他就被调到东印度公司的军队之中，并于1809年被授予军衔。随后他奉命陪同总督的代表前往印度东北部的信德邦，成功地完成了与该邦协商条约的使命。然后他和另一名军官前往俾路支从事间谍活动。他们伪装成贩卖马匹的商人或朝圣者旅行了2 400公里，并带回了有关这个尚未被英国人开发的领土的大量有用的信息。

随后波廷杰又成为浦那英国领事的助手，并且得以密切观察到英国为颠覆印度中部的马拉塔统治者而施展的各种阴谋诡计以及为此而发动的战争。随后他在位于信德南部边境的卡奇市拥有了自己的一套官邸，并且后来负责与信德打交道，并将其纳入英国的势力范围。波廷杰以战争相威胁，最终于1839年迫使信德的统治者签署了一个对英国有利的条约，该条约允许英国军队穿过信德进入阿富汗。

---

① 又译"璞鼎查"。——译者注

为此他被授予男爵爵位，从而成为亨利·波廷杰男爵。随后他回到英国度假疗养，就在这个时候帕尔默斯顿召见了他。外交大臣对他的指示非常明确：补偿、赔偿、割让（当时已经被英军占领的）香港和至少四个新港口、自由贸易以及鸦片的合法化。

1941年5月21日，中国的一个亲王对英国舰队实行了火攻，结果英国摧毁了71艘中国舢板战船，并且占领了沿岸的一些炮台。随后英军登陆并控制了广州城外的一个高地，从而使他们可以轻而易举地占领广州。但是他们却没有攻城，而是索要赎金。在中国人支付了600万美元（相当于145万英镑）的赎金之后，英国军队又退回到他们的船上。随后位于珠江下游的黄埔港又重新恢复了出口贸易，美国人和法国人又从广州回到那里去做生意。茶叶的出口量又恢复了正常。

波廷杰于8月份带着更多的战舰和军队来到了香港。他从埃利奥特手中接过了军权，然后继续向北航行。他首先攻占了位于广州北边海岸的重要港口厦门，然后又占领了舟山岛以及与之隔海相对的大陆港口宁波。中国人试图夺回宁波，率领中国军队的是另一位亲王（他是一位著名的书法家，但却是一个无能的将军）。宁波街道上堆满了尸体。总共有500名中国士兵阵亡，而英军则未死一人。

英军随后向人口密集的长江流域平原开进，他们占领了已被中国人放弃的上海。中国人在乍浦和镇江进行了抵抗，但是这两个城市最终也被占领，这使得连接长江和黄河并且是中国贸易干道的大运河的交通被切断。镇江也是控制通往南京的长江河段的要镇，在占领镇江之后，英国人可以将战舰直接开到南京这座重要的古城边上，并准备对该城发动进攻。中国的官员们意识到败局已定，非常担心英国人在攻克南京之后会进攻北京，如果这样的话，那么清政府几乎肯定会被推翻。他们在颇费了一番口舌之后，终于说服皇帝向英国人求和。

1842 年 8 月 29 日签署了《南京条约》，中国几乎答应了帕尔默斯顿提出的所有条件。广州、厦门、福州、宁波和上海这五个港口城市被开放给英国人贸易和居住；中国政府向英国支付 2 100 万美元（相当于 500 万英镑），以赔偿战争费用和被没收的鸦片；香港被永久割让给了英国。中国方面唯一拒绝接受的条件就是鸦片的合法化。令人惊讶的是，波廷杰在这一问题上并没有坚持英方的要求。

中国人采取了对外国人一视同仁的政策。他们与法国和美国这两个主要的贸易国家也签署了类似于《南京条约》的条约。

尽管中国在《南京条约》中蒙受了很大的耻辱，但是该条约的实施却不能完全使英国人满意。两国政府就英国商人是否在广州拥有永久居住权和英国在北京派驻代表等问题上发生了争执。鸦片没有被合法化，因此英国人不能让鸦片通过根据条约向其开放的城市。尽管如此，在中国沿海走私印度鸦片的活动仍然十分猖獗。1850 年，仍然担任外交大臣的帕尔默斯顿勋爵对这一争端的解决结果非常不满意，他说：

> 我们不得不再一次对中国实施打击的时候很快就要到来了……为了使中国和拉丁美洲这些国家的半文明政府就范，我们每隔 8 至 10 年就需要教训它们一次。

1856 年，当中国人逮捕了一艘被怀疑为海盗船的亚罗号船上的船员之后，时机终于成熟了。帕尔默斯顿勋爵在担任了 16 年外交大臣并短暂担任内政大臣之后，现在已经成为首相，而他此时比第一次鸦片战争时期还要好战。英国公众喜欢他的花言巧语：

> 正如在古代一位罗马人只要宣称"我是罗马公民"就可以免受侮辱一样，一位英国臣民，无论他到了哪个国家，都可以充满信心地感受到，英格兰警惕的眼睛和强壮的臂膀随时都会保护他免受不公正的待遇。

英国在广州的理事和香港总督对广州发动了海上进攻，占领了广东巡抚的官邸。作为报复，中国政府焚烧了广州城外的外国人的工厂，并悬赏鼓励民众杀死或抓捕英国人。帕尔默斯顿感到跟中国人算总账的机会来了，他命令埃尔金勋爵带领一支远征军前往中国。在一位法国的传教士被谋杀之后，法国人也加入了远征军。

1857 年底远征军攻打了广州，他们抓住了广东巡抚并将其流放到印度。埃尔金的舰队继续北上，占领了守卫通往天津、北京的河流的大沽要塞。中国皇帝又一次不得不为保住首都而与英法联军谈判。1858 年的《天津条约》使中国进一步丧失主权：又有 10 个港口对外国人开放；传教士被允许进入中国；外国人可以在中国自由旅行；英国在中国派驻外交官员。这一条约没有回避鸦片问题 —— 鸦片贸易被合法化了。

《天津条约》引起了中国人的极大愤慨。当英国人和法国人到北京去签署条约的时候，他们发现河道被封锁了。英法联军与大沽要塞的守军发生了枪战，造成了英军许多人员的伤亡。本应是中立的观察者的美国人站在了英国人一边。尽管如此，英法联军还是被击退了。

1860 年，英国人和法国人组织了一支更为强大的远征军到了中

茶：嗜好、开拓和帝国

国。中国人逮捕了一个被事先派来安排签署条约的外交官，并且杀死了他的几个随从。作为报复，英法联军占领了北京并烧毁了皇帝的夏宫圆明园。中国人在遭到这一彻底失败和羞辱之后，不得不再次求和，结果又签署了更多的不平等条约。在和谈中扮演了重要角色的俄罗斯得到了中国北部的大片领土以及符拉迪沃斯托克港。《北京条约》增加了中国支付的战争赔偿数额，开放天津港口，并将与香港隔海相对的一个半岛割让给了英国。

值得注意的是，在19世纪40年代到50年代，中国茶叶的出口并没有受到战争和动乱的影响。伦敦的茶叶价格可能会随着来自中国的消息的变化而发生波动，但是茶叶仍然源源不断地被运到英国。当发生真正的战事的时候——每次战事都不会持续很长时间——茶叶的运输被暂时中止，但是很快就会被恢复。在英国人遇到困难的时候，美国人就会将茶叶从中国运输出来。英国的茶叶库存量从来就没有少于九个月的供应量。中国对鸦片的禁止导致了茶叶价格的波动，因为英国商人担心无法获得用以购买茶叶的白银。然而，无论中国政府在广州等贸易中心城市采取什么样的措施，鸦片贩子总是能够在中国漫长的海岸线上找到可以将印度鸦片走私进中国的地方。由于鸦片的价格远远高于茶叶的价格，因此即使鸦片的进口量减少了，用走私鸦片所得的白银购买茶叶还是绰绰有余的。

鸦片和茶叶的互换贸易对中国来说是一场灾难。虽然正如英国人总是喜欢指出的，没有人强迫中国人吸食鸦片，但是从英国领土上出口的鸦片以及英国人贩卖鸦片的行为破坏了中国人禁烟的努力。在《天津条约》使鸦片贸易合法化之后，更多的印度鸦片流入了中国。到1872年，中国鸦片进口量达到了9.3万箱，比鸦片战争前的1835年增长了3倍。英国向中国出口印度鸦片的活动一直持续到1911年。中国国内的鸦片生产量也有了巨大的增长。由于太多的土地被用于种植鸦片，结果导致了粮食短缺。也许最严重的后果就是，英国派遣到中国去保护鸦片和茶叶互换贸易的远征军使中国的政局失去了稳定，并引发了中国人民的仇外情绪。中央政府失去了对大片地区的控制，这些地区落入了强盗和海盗手中。大多数中国人认为满清政府向他们所痛恨的外国人卑躬屈膝。由此产生的影响一直延续到近代中国社会。

中国的茶叶贸易的一个比较令人愉快的特征就是"快速帆船"比赛。在中国茶叶中最珍贵的就是那些在春季采茶季节刚开始的时候采摘的茶叶。人们相信茶叶的质量会随着时间的流逝而变差。如果茶叶被暴露在潮湿的环境中的话，情况的确如此，但是在密封良好的容器中它们可以保存很长时间。尽管如此，还是产生了迷信新茶尤其是刚采摘的"初次绽出"的茶叶的风气。这与如今英国人竞相品尝第一次酿造的薄若莱葡萄酒（Beaujolais）的风气类似。

东印度公司曾经使用那些极为结实、粗短和笨重，被形容为中世纪古堡与库房的杂交产物的船只来运送中国茶叶。通常"东印度商人"在1月份驾驶着这种船只离开英国，绕过非洲的好望角，然后乘着东南季风航行，在9月份到达中国。到了那个时候，当年的茶叶已经收获，如果运气好的话，他们可以在12月满载着茶叶启程回国。在回国时，这些船只往往沿着迂回曲折的路线航行，因为一切都取决于风向。他们一开始会从中国向东航行，穿过台湾与菲律宾之间的海域，然后向南经过新几内亚，最后再向西航行。如果一路顺风的话，他们可能会在9月份到达英国，但是他们更可能在12月或更晚的时候到达。因此整个往返旅程一般需要整整两年的时间。如果他们

茶：嗜好、开拓和帝国

在中国延误了时间，未能赶上当年的东北季风的话，那么他们必须在那里待上一年，等待第二年的季风。这样整个旅程就要用将近三年了。

在1814年失去了其对印度贸易的垄断地位之后，东印度公司处理掉了许多船只，但继续与中国进行贸易。它在于1834年丧失了与中国进行贸易的垄断地位之后，处理掉了其所有的船只，其中许多船被其船长或印度商人购买。在此之前这些人往往是在东印度公司的授权下经营这些船只的，因此在此之后这些船只仍然用于从事与中国的贸易。

美国人在1812年与英国人打仗的时候，制造出一种用做武装民船的快速帆船。这些船有流线型船体、狭长的船头和多个风帆。〔英国人以一艘缴获的美国武装民船为模本，制造了用来在中国和印度之间运送鸦片的快速帆船。其中最早的一艘是1829年下水的红色漫游者号（Red Rover），该船是美国武装民船德纽福彻特王子号（Prince de Neufchatel）的仿制品。印度总督曾支付该船船长威廉·克利夫顿1万英镑，让他提高在印度和广州之间运送鸦片的船只的速度。〕在这些武装民船的基础上，美国人制造出了第一批快速运茶帆船。其中的一艘——彩虹号（Rainbow）——于1845年入水，从纽约出发，航行103天到达广州，比原来的纪录快了16天。1849年，海上巫婆号（Sea Witch）创造了74天的新纪录。1849年英国废除了《航海法》（Navigation Laws），这使美国船只得以直接在中国和英国之间运输茶叶。东方号（Oriental）是第一艘从中国向伦敦运输茶叶的美国快速帆船，它从香港出发，用了97天到达伦敦，比东印度公司笨拙的船只整整快了3倍。这在伦敦引起了轰动，英国人决心赶超美国人。

19世纪60年代是快速运茶帆船的黄金时代。在19世纪50年代，英国人掌握了美国人发明的造船技术，而美国人自己的船只则有更为重要的用途——当时他们正在打内战。依照条约港口的开放使快速运茶帆船的竞赛变得更加具有吸引力，因为茶叶在采摘和加工之后就可以立即从靠近茶叶种植园的福州港口装船。在这种帆船比赛中，人们在他们认为能够最先到达英国的船只上下很大的赌注。最著名的一次比赛发生在1866年，当时有40只参赛船只，最终以爱丽尔号（Ariel）和太平号（Taeping）不分胜负而告终。

1869年苏伊士运河的开通，使蒸汽轮船的商业使用成为可能，从而结束了快速运茶帆船之间的竞赛。在此之前也有一些蒸汽轮船被用于与中国的贸易，但是它们不是很经济实用，因为这些船必须将大量的空间用于装载燃料。而苏伊士运河航线上有很多专门的加煤站，从而使蒸汽轮船与环绕非洲大陆航行的快速帆船相比具有较大的优势。最后一次快速帆船比赛于1871年举行。

于1869年下水的卡蒂萨克号（Cutty Sark）是最后一批建造的快速帆船之一，现在它被放在伦敦的格林尼治供人们参观。我们可以看到装茶的箱子以非常紧密的方式堆放在船舱里面，这一方面是为了尽最大可能利用有限的空间，另一方面是为了防止货物在船舱中发生移动。当人们听说如此之小的一艘船竟然能够装载100万磅茶叶时，都会感到惊讶不已。

尽管在中英之间发生了多次战争，英国从中国进口茶叶的数量却在急剧增长。英国的茶叶进口量从1830年的3 000万磅增长到1879年的1.36亿磅。这些茶叶大多数并不是出自茶叶种植园，而是由茶农在小块土地上生产的。由于茶叶的需求量巨大，因此人们追求

茶：嗜好、开拓和帝国

祥泰隆記

Chong thic Loong kee.

Most humbly beg leave to aequ
:aint the Gentlemen trading to
this kort that the above mention
: ed chop has been long established
dnd is much esteemed for its Black
and young Hyson Tea but fearing
the foreigners might be cheated by tho
: se shumeless persons who forged this
chop he therefore take the liberty to
pallish these few lines for its
remark and trust.

19 世纪中国茶商的广告

广告内容为：祥泰隆记敬请各位从事茶叶贸易的先生注意：本店
是一个以其优质红茶和雨前茶备受尊敬的老字号。因担心外国人会被
一些假冒本店字号的无耻之徒欺骗，特此冒昧刊登本广告，以引起各
位注意，并希望得到各位的信任。

的往往是数量，而不是质量。茶叶采摘过滥，远远超过了一芽二叶的标准。由于过度采摘，茶树遭到了破坏。在茶叶加工的过程中也存在粗制滥造的现象，而且掺假也非常普遍。在几十年中，中国的茶农和商人的收入颇为丰厚，但是他们却丧失了与在其他国家新出现的茶叶种植园进行竞争的能力。

第三章

维多利亚时代的产业：印度

> 那些年代的茶叶种植园主是一些稀奇古怪的乌合之众。他们包括退伍或被开除的陆军和海军军官、医疗人员、工程师、兽医、蒸汽轮船的船长、化学家、各种商店的店主、马夫、退休警察和其他鬼才知道是干什么的人。
>
> ——爱德华·莫尼

从第一次进口茶叶开始到 1834 年，东印度公司就一直垄断着中国和英国之间的茶叶贸易，并且从中获得了巨大的利益。但是东印度公司的主要活动还是在印度。该公司在印度从事其主要的业务活动，而且后来其地位从一个贸易公司转变为这个国家的管理机构。

东印度公司于 1619 年在印度东海岸的苏拉特建立了第一个"工厂"。在 17 世纪和 18 世纪，它在印度建立了更多的贸易站，其中有些是设防的。该公司有时会与当地的藩王发生冲突，并且有时会导致流血事件，但是当时它仍然是一个纯粹的商业组织。

在 18 世纪中叶，印度大部分地区都处于在新德里的莫卧儿皇帝的名义统治之下，这个帝国由于受到了印度西部的马拉塔人和阿富汗人的攻击而处于没落状态。在其统治下的一些藩王宣布独立，而其他一些则只是名义上臣服于皇帝，在后者中包括印度东部的孟加拉的纳瓦布（藩王）。纳瓦布听说东印度公司在未获得其事先允许的情况下，就对该公司在位于其管辖范围内的加尔各答的工厂进行设防，非常生气。他下令攻击了这个工厂并将英国人暂时赶出了加尔各答。东印度公司随后采取了报复行动。它派遣的一支由罗伯特·克莱夫带领的部队在 1757 年打败了这个纳瓦布，并且将一个曾在冲突中与克莱夫勾结的人立为傀儡纳瓦布。

这个名叫米尔·卡西姆的新纳瓦布对东印度公司的英国雇员雇用私人军队到处劫掠搜刮财富的肆无忌惮的行为感到非常震惊。克莱夫从英国回到印度之后在他的报告中写道："除了在孟加拉，我们在世界上的任何其他国家都不会看到如此严重的无政府、混乱、贪污腐化和敲诈勒索的现象，也不会看到人们用如此不公正和贪婪的方式获取如此之多的财富。"米尔·卡西姆断绝了与英国人的关系，并且组织了一支莫卧儿军队与英国人作战。在随后的战役中莫卧儿人被英国人彻底击败。

如果东印度公司愿意的话，完全可以进军德里，推翻莫卧儿皇帝，但是这并不能在经济上给公司带来多少好处。因此它仅仅满足于获得对孟加拉、比哈尔和奥里萨的征税权。公司每年只要向皇帝缴纳一小笔贡金（这种做法很快就被放弃了），就可以获得对这些领土征税的权利。公司负责对这些地区包括军队、警察和司法系统在内的各项事务进行管理。它成了一个政府，并且垄断了这些地区的贸易。

虽然东印度公司是印度部分地区的政府，但是它仍然是一个英国公司，在某种程度上对英国政府负责。但是在公司的特许状上该公司与英国政府之间的关系并不明确。议会对这种状况感到担心，于是在 1784 年通过了《印度法》（India Act）。该法建立了一个"控制委员会"，它有权"在印度决定战争与和平事项，或与当地任何藩王或国家进行谈判"，并且可以解除公司任命的总督的职务。尽管受到以上限制，东印度公司仍然拥有对印度贸易的垄断地位以及管理这些领

　　　　　　　　　　茶：嗜好、开拓和帝国

土的权利。

东印度公司的军队在英国军队的帮助下征服了印度的大片领土，尤其是南方的领土，从而使大约半个印度都处于其直接统治之下。东印度公司的这种政府兼贸易公司的双重角色受到了很多批评，它于 1813 年失去了其在印度的贸易垄断地位。当东印度公司在 1833 年重新申请特许状时，有些人希望取消该公司的政府职责。结果却恰恰相反——该公司被禁止从事除盐和鸦片之外的任何商品的贸易，转而专门负责管理英属印度领土。公司的持股人可以得到印度年收入的 10.5% 的分红，这一红利以及购买"本土国债"的费用都出自印度的税收。由于本土国债是东印度公司为促进其自己的商业利益而借给英国政府的钱，因此这种做法在印度引起了极大的不满。

除了以上费用之外，印度人还必须支付在英国和印度之间运送军队的费用、公司管理人员和军人的退休金、东印度公司总裁的工资，以及许多其他费用。这些费用还包括制作用以纪念征服印度人的军功章的费用，以及照顾在印度的欧洲精神病人的费用。这些费用以及购买本土国债的费用统称为"本土费用"，它不仅遭到印度人的诅咒，就连马德拉斯邦的总督查尔斯·特里威廉也非常气愤，他评论道："英国政府每年都要从印度人那里拿走 500 万英镑的财富，放进自己的腰包。这是印度在其与英格兰的关系中所遭受的最严重的伤害。"后来随着英国人征服印度境内新的领土以及与周边国家交战的费用纷纷被增加到由印度人支付的债务之中，印度人对英国人的仇恨也与日俱增。

在东印度公司的特许状被修改之后，该公司失去了对中国和英

国之间的贸易的垄断地位。与此同时，在英国有人对中国出口的可靠性也产生了怀疑，其部分原因在于日本于不久之前切断了与西方的一切贸易。因此，英国人考虑通过东印度公司在印度种植茶叶是一件很自然的事情。

1793 年，英国政府派麦卡特尼勋爵出使北京。麦卡特尼决心要得到一个平等国家的特使所应享受的待遇，但是中国人却另有打算。中国人在麦卡特尼的船上用中文写上了"贡使"的字样，在到达之后，麦卡特尼被要求向皇帝叩头，也就是行三跪九叩之礼。麦卡特尼说，只有在中国皇帝也对他所携带的英国国王乔治三世的画像叩头的情况下，他才能够这么做。中国皇帝拒绝了这一要求，并拒绝让他成为驻京大使。尽管如此，他们还是交换了礼物，而且麦卡特尼被允许带走一些茶树种子和茶树：

> 在路过江西的时候，我们经过了一些茶叶种植园。当地的巡抚允许我们带走几棵正在生长的茶树，每棵茶树下面还带着一大坨泥土。我很自信地认为，我可以将这些茶树移栽到孟加拉。

这些茶树很可能没有能够成活，但是一些茶树种子成功地在加尔各答的植物园中生根发芽了。1816 年，阿美士德勋爵带领另一个使团来到中国，他也像麦卡特尼一样没有取得成功，但是也带回了一些茶树和茶树种子。阿美士德所乘坐的阿尔塞斯特号（Alceste）船在苏马特拉附近海域触礁，船上的所有人都获救了，但是茶树和茶树种子却丢失了。

这些绝不是最早被带出中国的茶树。当然，在日本有很多茶叶种植园，而且世界各地都种有来自中国的各种其他植物。似乎在 17 世纪的时候就有一些茶树被带到了荷兰，但是它们是从日本带过去的。现代植物分类学的奠基人、伟大的瑞典植物学家林奈曾为获得一棵活着的茶树而费尽心机，他派遣他的一些助手作为随船牧师乘坐着瑞典东印度公司的商船前往中国收集茶树，在回国的旅程中，他们带回来的茶树遭遇了一系列厄运：有些在暴风雨中丢失了，有些被船上的老鼠吃掉了，而有些则被证明根本就不是茶树。林奈最终于1763年得到一棵茶树，这也是欧洲的第一棵茶树。而其他茶树则被种植在热带国家，包括爪哇、圣海丽娜和巴西——它们似乎在那里生长得很好。

东印度公司的管理层从一开始就曾讨论过在印度种植茶树的问题。1778年，伴随着库克来到中国的著名植物学家约瑟夫·班克斯爵士认为，红茶可以在印度北部的部分地区成功地种植。他甚至考虑招聘一些中国人去那里种植、加工茶叶。班克斯得到了麦卡特尼于1793年从英国带回来的茶树种子。尽管茶树在加尔各答的植物园中生长得很好，但是东印度公司却并没有为在印度进行茶树的商业种植作出多少努力。有人认为这是由于东印度公司当时正牢牢地控制着与中国贸易的垄断权，因此没有这方面的动力。另外人们也怀疑在中国以外的地区是否能够种植出好的茶叶来，以及是否能够得到生产高品质茶叶的技术。在东印度公司丧失了对中国贸易的垄断之后，这些怀疑受到了更为严格的审查。1834年英国成立了一个茶叶委员会，负责调查引进中国茶树和茶树种子的可能性，在印度选择适合种植中国茶树的地区，并开展试验性种植。这个茶叶委员会迅速采取了行动，他们立即派一位成员C·J·戈登（C. J. Gordon）到中国收集茶树和茶树种子，招募茶叶种植和加工专家。他们还发布了一个官方通告，征求有关印度最适合种植茶叶的地区的意见。

戈登购买到三批茶树种子，但是这些茶树种子都是在戈登不在场的时候发货的，结果后来他发现都是劣质茶树种子。戈登还发现，他很难招募到合适的中国人。熟练的茶叶工人在中国的待遇很高，因而都不愿意移居国外。另外中国政府禁止国人将茶叶种植和加工技术传授给外国人。中国的茶叶工人担心在他们离开后其家人会受到政府的骚扰。荷兰人也试图在印度东部的领土上种植茶叶。他们只招募到了 12 名中国的技术茶叶工人，而且这些工人最终都遭到了谋杀。正当戈登试图克服这些困难的时候，在印度的一个发现使整个情况发生了改变。

在茶叶委员会于 1834 年成立之前，有关印度可能生长有本地茶树的传言就已经存在好几年了。1815 年，英国驻尼泊尔加德满都的领事莱特尔上校注意到一些阿萨姆人有饮茶的习惯。他在 1816 年得到了一种可能是茶树的植物，并将其送往加尔各答进行鉴定，但是没有得到明确的鉴定结果。

东印度公司于 1826 年吞并了阿萨姆地区。这一地区实际上是亚洲最大的河流之一雅鲁藏布江上游的一段河谷，其长度大约为 640 公里。除了南面的一个缺口 —— 江水从这个缺口流向南方 —— 之外，这个河谷的四周都被长着茂密的森林的群山所包围。人们总认为阿萨姆地区就像其他茶叶种植地区一样是山地，但实际上那里主要是平原。虽然该地区离入海口有 500 公里远，但是雅鲁藏布江在流入阿萨姆地区的时候海拔只有 45 米，并且这一地区大多数土地的海拔都低于 90 米。来访者都会对这一地区极为平坦的地貌产生极为深刻的印象。众多的小河从周围的山上流下，汇入雅鲁藏布江，并且经常会淹没在其流域内的平原。那里有众多的沼泽。那是一个降水过度、极为潮湿的地区，因此，对于那里的居民来说，当地的气候非常不利于健康，令人感到有气无力。但是对于许多植物来说，这是一种非常理想的气候。

阿豪姆人（Ahom）在 13 世纪征服了这一地区并建立了一个掸族王朝。由于阿萨姆河谷是个易守难攻的地区，因此长期以来阿豪姆人一直得以抵御住莫卧儿人以及周边其他好战民族的侵犯。然而，在 18 世纪，掸王朝由于出现了一系列昏庸无能的君主而没落了，整个国家也开始陷入混乱状态。而这也恰好是缅甸人希望扩大其影响的时期，他们于 1817 年入侵阿萨姆，并很快控制了这个国家。缅甸人在树立了一个傀儡统治者之后就离开了。这个傀儡统治者后来被当地人废黜并且遭到了残害，这导致了缅甸人于 1819 年再次入侵。缅甸人对这个国家大加杀伐，使其变成了一片废墟。到了 1822 年，缅甸人已经完全控制了阿萨姆，并在那里实施了令人发指的暴行："他们将有些人活活剥皮，将有些人浇上油烧死，并将另一些人分批赶进庙宇，然后将这些庙宇付之一炬。"

> 缅甸刽子手们将他们怀疑对恐怖统治不满的人抓起来，用绳子捆绑着，然后割掉他们的耳垂以及肩膀等肉质鲜嫩的部位的肌肉，并且在被害人仍然活着时当着他们的面将从他们身上割下来的这些生肉吃下去。刽子手们残忍地在被害人的身体上割出很多伤口，让他们慢慢地死去。最后他们还将这些可怜的被害人开膛破肚。

许多人逃离了这个国家，但是仍然有大量的男人、女人和孩子被杀或者被掳为奴隶。据估计，经过这场浩劫之后，阿萨姆的人口减少了一半。

然而导致第一次英缅战争的还是发生在阿萨姆以北地区的一些事

件。缅甸人在18世纪后期占领了位于沿海地区的阿拉干王国。阿拉
干难民逃到了孟加拉，然后又从那里对缅甸人控制的地区发动了袭
击。缅甸军队进入孟加拉实施报复，但是却被东印度公司的军队赶了
出去。他们又一次入侵孟加拉并占领了一个属于东印度公司的岛屿，
这导致英国于1824年对缅甸宣战。英国人从海上攻击并占领了仰
光。缅甸人发动反击，使指挥不力的英军遭受了巨大的损失，至少
有1.5万名"英军士兵"战死，但他们几乎全部是印度人。缅甸人最
终于1825年被击败。战争的所有费用都由印度人支付。在随后签署
的条约中，缅甸将包括阿萨姆在内的大片土地割让给了东印度公司。

阿萨姆人将东印度公司当做救星一样欢迎其到来，但是不久他
们就要求自治了。在19世纪30年代至40年代发生了多起反叛，但
是都没有对东印度公司的统治造成严重的威胁。

在战争发生之前，一位名叫罗伯特·布鲁斯（Robert Bruce）的
前军需商人曾到阿萨姆寻找做生意的机会，他后来成为一位阿萨姆首
领的经纪人——东印度公司为了控制上阿萨姆地区而对这位首领予
以支持。布鲁斯在1823年得知在阿萨姆生长着茶树并准备收集一些
样本，就在这时英缅战争爆发了。罗伯特·布鲁斯的一个兄弟C·
A·布鲁斯（C. A. Bruce）前来指挥一些英国战舰。

C·A·布鲁斯也许是印度的茶叶发展史上最为重要的一个人
物，他在来到阿萨姆之前曾过着富有冒险性的生活。C·A·布鲁斯
于1809年作为东印度公司一艘船上的海军军校学员离开了英格兰，
在海上旅行期间他两次被法国人抓获，"用刺刀押着到了毛里求
斯"，并被关押在那里，直到那个岛屿被英国人占领。然后他就跟着

英国人一起去征服爪哇。

凑巧的是，C·A·布鲁斯在阿萨姆控制的地区包括萨迪亚——也就是他的兄弟希望找到茶树的地区。C·A·布鲁斯根据他兄弟的要求收集了一些茶树，将其中的一部分种植在他自己位于萨迪亚的花园中，将另一部分送给英国驻阿萨姆代理，让他种在他的花园中，然后将一些叶子和种子送到加尔各答进行鉴定。东印度公司在加尔各答的植物园拒绝就这些样本到底是茶还是另一种茶花科植物这一问题作出明确的答复，这一发现就这么不了了之了。

另一名英国军人查尔顿（Charlton）上尉也在阿萨姆发现了茶树。他于 1831 年在阿萨姆服役的时候将一些植物送到了位于加尔各答的农业和园艺学会，并且附上了以下评论：

> 这种茶树生长在英国人所拥有的最偏远的领土苏迪亚以东，位于阿萨姆境内与英属领土接壤的地区。有些土著苏迪亚人有将这种茶树叶子晒干然后冲泡成饮料饮用的习惯，但是他们并不用特殊的方式加工茶叶。虽然这些叶子在新鲜的时候没有任何香气，但是在晒干之后就具有了中国茶叶的气味和口味。

查尔顿送去的植物很快就死掉了，而农业和园艺学会则拒绝正式承认其为茶树。随后在查尔顿和 C·A·布鲁斯之间就究竟是谁"发现"了印度茶树这一问题发生了很大的争议。至于加尔各答的植物园总监、东印度公司的植物学家沃利克（Wallich）博士为什么那么不愿意承认阿萨姆生长有茶树这一事实，则一直是个不解之谜。

1834 年，查尔顿得到了一份茶叶委员会发布的通告，当时他已经是焦尔哈特东北边境的代理詹金斯上校的助手。几个月之后他又从萨迪亚将一些新的茶树种子和茶叶样本送到了加尔各答：

我现在送给你们的这种植物是这个地方以及贝萨地区土生土长的植物。在从这里到离这里一个月路程之外的中国云南之间的各个地区，到处都可以见到处于野生状态的这种植物。我听说在云南人们广泛种植这种植物。来自云南省的一两个人向我保证说，他们在那里所种植的茶树与我们这里生长的茶树完全一样。因此我认为这种植物是真正的茶树，这一点已经毫无疑问了。

沃利克最终被说服了。1834 年平安夜的那一天，茶叶委员会告诉印度总督：

　　这种茶树灌木毫无疑问是上阿萨姆地区的本地植物……我们毫不犹豫地宣布这一发现 —— 它归功于詹金斯上校和查尔顿上尉不懈的研究 —— 是对于大英帝国农业和商业资源来说最为重要和最有价值的一项发现。我们确信，通过恰当的管理，这种新发现的茶树将完全可以成功地用于商业种植，因此我们的日标将在不久的将来得到完全的实现。

　　戈登已经从中国送回了足够用来进行试验种植的茶树种子。当他不在印度的时候，茶叶委员会决定，本地茶树很可能更适合于在印度种植，他们还倾向于在云南而不是在中国东部寻找茶叶专家。然而在戈登回到加尔各答之后，他们却改变了主意。戈登又一次回到广东去招募茶叶种植和加工专家。他已经从中国送回的 8 万颗种子在加尔各答的植物园中发了芽。茶叶委员会决定将这些幼苗广泛种植在印度各地，以便观察它们在什么地区生长得最好。其中 2 万株幼苗被送到了喜马拉雅山脚下的库马恩地区，2000 株被送到印度南部，另外 2 万株被送到阿萨姆。

茶叶委员会派遣了一个由三名科学家组成的小组到阿萨姆进行考察，他们还请查尔顿在萨迪亚建立茶树苗圃，并让 C·A·布鲁斯做他的助手。考虑到在这两个人之间有关谁最先发现阿萨姆茶树的争议，以及茶叶委员会将这一发现完全归功于查尔顿而没有提到 C·A·布鲁斯在这方面的作用这一事实，因此当查尔顿被派去平息叛乱的时候，布鲁斯很可能感到松了一口气。而查尔顿则没有那么幸运，他在战争中受了重伤，并且因残疾而离开了阿萨姆。在此之后的很多年中，布鲁斯成为阿萨姆的茶叶事务中的一个关键性人物。

科学家小组经过四个半月的艰苦跋涉才到达阿萨姆，而那里的茶树苗圃让他们感到非常失望，因为大多数树苗都被牛吃掉了。在那里种植的 2 万棵中国茶树苗中只剩下了 55 棵，而这些树苗也已奄奄一息了。当时在阿萨姆正在发生叛乱，沃利克博士被吓坏了，他一心只想着尽早回到加尔各答，但是另外两名小组成员却想要留下来继续工作，他们对当地茶树的生长情况作出了一个相当详细的调查。

科学家小组的任务是调查茶树是否为阿萨姆的本地植物，那里的条件是否适合建立茶叶产业，哪些地区最适合种植茶树，以及是否有必要从中国进口茶树种子等问题。

这几个科学家未能就茶树是否为印度本地植物这个问题得出结论。他们发现在上阿萨姆的雅鲁藏布江以南的地区到处是茶树，但是其中大多数都是成片生长的，就好像它们是被人种植。由于当地人收获并加工茶叶以用做饮料，因此这些很可能是在战争期间处于半荒废状态的旧茶叶种植园。

茶树的原产地究竟在哪里是一个很有争议的问题。中国和印度都声称是茶树的原产地，还有人提出茶树原产于东南亚的其他一些国家。在未来，古植物学家通过分析土壤样本中的古代花粉也许可以对这一问题作出定论。到目前为止在这方面最具确定性的研究，似乎是由英国皇家植物园的罗伯特·西利（Robert Sealy）在1958年作出的。在其著作《对山茶属分类的修正》（*A Revision of the Genus Camellia*）中，他确认了两个主要的茶树种类：中国茶树（Camellia sinensis var. sinensis）和阿萨姆茶树（Camellia sinensis var. assamica）。前一种茶树可长到6米高，比较耐寒，叶子比较狭小，也许原产于云南西部地区。后一种茶树可以长到17米高，抗寒性较差，叶子较大，而且比较坚韧，也许原产于阿萨姆、缅甸、泰国、老挝、柬埔寨和中国南方等气候更为温暖的地区。

罗伯特·西利还指出，居住在后一地区的一些人群将茶树的叶子用做兴奋剂。他们往往在地上挖一个洞，将茶叶放在里面发酵，然后咀嚼经过发酵的茶叶或者将其用水冲泡后饮用。他们原来并不知道将茶用做饮料，是中国人或英国人教他们这么做的。他猜测，中国人是从他们那里学到了发酵阿萨姆茶叶的方法，然后将这种方法用于中国茶叶，从而产生了一种非常令人愉快的饮料。

茶叶委员会的科学家们认为，阿萨姆在地貌、植被、气温和湿度等方面的条件都与中国的产茶地区相似。事实上，阿萨姆地区比中国的产茶地区更靠近热带，降水量也更大，而这些差异对阿萨姆茶树来说是有益的。这几个科学家还正确地强调，应该选择土壤排水性好的地区种植茶树。

对于中国茶树的种子是否优于当地茶树的种子这一问题，在这几个科学家之间发生了意见分歧。沃利克博士争辩说，本地茶树更加适应当地的条件；而威廉·格里菲斯（William Griffith）则坚持说，中国种子是最好的，因为它们是许多个世纪选择性培育的结晶。最终格里菲斯占了上风。戈登又一次被派往中国，在随后的许多年中，大量的中国茶树种子被戈登和其他人送到了印度，并且他们不遗余力地用中国茶树替换阿萨姆地区的本地茶树。与此同时，由于新栽种的中国茶树要生长两三年之后才可以收获茶叶，因此布鲁斯可以利用这段时间对印度茶叶进行试验。科学家小组的报告给英国政府留下了深刻的印象。1836 年布鲁斯被任命为茶树种植园总监，并被授权开辟两三个茶叶种植园。

布鲁斯在上阿萨姆的不同地区 —— 斋普尔、查布阿、焦达廷格里和胡康普克里 —— 建立了新的中国茶树苗圃。当然，这些苗圃属于东印度公司。在萨迪亚有一个中国茶树苗圃和一个本地茶树苗圃。

布鲁斯和他的手下还试图在丛林中寻找本地茶树林，这可不是一项容易的工作。战乱已经使阿萨姆原本精耕细作的河谷地区退回到了自然状态 —— "其八分之六到八分之七的土地被巨大的芦苇所覆盖。那里没有人迹，只有野象和水牛出没。"

阿萨姆森林地区的年降水量为 250 — 500 厘米（而被许多人认为气候非常湿润的伦敦的年降水量则仅为 64 厘米），因此那里有众多的溪流和沼泽，树木长得高大而密集，并且在它们的下面往往还长着茂密的灌木丛。一个人走在这样的丛林中很难看见前面的东西，而且这些丛林中还潜伏着各种危险的动物，尤其是老虎。（在那个年代，印度每年有 2 000 人死于老虎袭击。）在这种条件下最理想的交通工具就是大象 —— 它们虽然走得很慢，但是安全，并且可以使乘坐者看到很远的地方。布鲁斯以每只 15 英镑的价格购买了四只大象。在阿萨姆的自然条件下，几乎不需要给大象提供任何附加饲料，但布鲁斯还是每年为他的大象提供 5 英镑的生活费，用以购买大米。

一旦发现了一片"野生"茶树，他们就会与当地的部落首领进行协商。有些首领看到了发展和就业的机会，便采取了合作的态度。而另一些则对任何外来的干涉都采取仇视的态度，因此必须对他们进行贿赂。布鲁斯是一位经验丰富的谈判高手，他经常与部落的首领一起盘腿坐着，吸他们递过来的烟斗，用甜言蜜语哄骗他们。他往往用一小笔钱就把他们给搞定了，但是他也经常用鸦片来贿赂这些首领。

到了 1839 年，他们共发现了 120 个本地茶树林，其中有些面积相当大。在斋普尔以外的一个地区，布鲁斯发现了一片长达四五公里的茶树林。他们砍伐了这一地区以及周边的其他树木，以便使茶树得到更多的阳光。那里有些茶树灌木长成了高大的树木。布鲁斯提到其中的一棵茶树"树高达 29 古比特，周长 4 指"——即树高 13 米，周长近 1 米。他们将这些茶树砍到只有 1 米的高度，然后采摘从这些修剪过的树枝上长出的嫩芽。经过这样修剪过的茶树要比中国的茶叶种植园中的茶树大得多，树高可能会达到 2 米。另外这些茶树之间的间隔也要大得多。因此这些茶叶种植园看上去更像橙子果园，而不像传统的有着连成一片的平整的树冠的茶园。

一些中国的手艺人来到印度加工茶叶。由于茶叶种植园分布很广泛，而且交通状况非常差，因此大多数茶叶在到达加工厂之前就处于失控的发酵过程之中，这使得他们无法生产高品质的茶叶。尽管如此，经过很大的努力之后，他们终于生产出可以被接受的茶叶。

1836 年 11 月，少量的茶叶样品被从萨迪亚送到了加尔各答，并且受到了人们的欢迎。1836 年底，数量更大的一批茶叶样品又被送到了加尔各答，被认为达到了"可销售的品质"。1838 年，东印度公司向伦敦发送了 12 箱印度生产的茶叶，其中一些留给了东印度公司的董事，一些被作为样品送给了茶叶经纪人，还有一些被送给了各个城市的市长，以引起人们的兴趣。1839 年 1 月 10 日，剩下的 350 磅茶叶被送去拍卖。茶叶的拍卖价格通常为每磅 1—2 先令，但是在激烈的竞拍过程中第一批茶叶以每磅 5 先令的价格成交，而最后一批茶叶竟然拍到了每磅 34 先令（1.7 英镑）的高价。这批茶叶全部卖给了皮丁上校，他声称他自己这么做是受到了爱国主义情绪的影响，但更为可能的情况是，他想借此机会炒作自己。

1839 年，布鲁斯生产了 5 000 磅茶叶，他预计在 1840 年茶叶销售量会提高一倍多。虽然他的工作纯粹是试验性质的，但是他为人们指出了一条商业生产阿萨姆茶叶的道路。他列出了建立茶叶种植园所需费用的极为详细的清单，以下是该清单的一个概要：

开支项目	费用（卢比）
10 片茶园的总开支	
每片面积为 400 码 × 200 码（总面积为	
0.7 平方公里）	16 591
减去资本开支	4 304
每年总开支	12 287
收入	
355 555 棵茶树，生产 35 554 磅茶叶，	
销售价格为每磅 1 卢比	35 554
年利润	23 267
以英镑计算的年利润（10 卢比 = 1 英镑）	2 327 英镑

根据以上计算方式，他计算出 100 片①茶园（70 平方公里）的年收益

---

① 原文这里为 1 000 片茶园，似有误。——译者注

为 232 660 英镑。

在看到如此乐观的收益估计和伦敦拍卖的成功之后，英国商人自然不肯放过这个看上去像是千载难逢的挣钱机会。

伦敦的风险资本家立刻就行动起来。1839 年 2 月 12 日，也就是在第一次阿萨姆茶叶拍卖会过去仅一个月的时间，一些商人在伦敦开会，决定调查成立一个公司的可能性。第二天，他们中的一些人与东印度公司的总裁进行了会谈。后者原则上同意为新成立的企业提供土地，并且将东印度公司在阿萨姆的茶叶资产转让给该企业。在接下来的那一天，这些商人又一次开会并同意筹款 50 万英镑，用以成立一个阿萨姆公司。几天之后，所有股份都被认购。

虽然这些伦敦商人的行动极为迅速，但他们并不是首先提出在阿萨姆建立茶叶企业的人。在他们之前，在加尔各答已经有人建议成立一个孟加拉茶叶公司，以接手东印度公司的资产，并在阿萨姆开展茶叶种植。这些人有着广泛的关系网，其中包括 1834 年茶叶委员会的主席。他们迫使阿萨姆公司与他们的公司合并，伦敦公司负责筹集资金，而加尔各答的那些人则获得了对企业的控制权。在印度的商人在获得股份和在伦敦的董事会席位方面享有特权，并且全权负责在印度当地对企业的管理。

公司让 J·W·怀特负责其在阿萨姆的运作，他在纳济拉成立了总部，现在该公司的总部仍然在那里。C·A·布鲁斯也被从东印度公司转到了这个新成立的公司——这对他们来说是非常重要的，因为他是该公司的高级雇员中唯一一个了解阿萨姆茶叶种植和加工情况的人。布鲁斯负责该公司位于斋普尔的北方分部的运作。1839

年，怀特上尉和他的守军在当地人的一次叛乱中被赶出了那一地区。在这次"不幸的事件"之后，布鲁斯在那迪亚的老茶叶生产基地就变得不那么具有吸引力了。

在经常有老虎出没的茂密森林中，大象是极为重要的交通工具，它们在开垦种植园的过程中也起着非常重要的作用。布鲁斯想从东印度公司借用他过去为该公司服务时所使用的那些大象，但是这一要求遭到了拒绝，而他又很难在其他地方购买到经过训练的大象。阿萨姆公司不得不建立围栏，自己抓捕并训练野象。后来他们用大象将位于边缘地区的分站中加工好的茶叶运送出去——他们将茶叶箱子绑在特殊的象轿上，一只大象一次可以运送6箱茶叶。最后，该公司制造了一种象拉运货车。这种车有四个大轮子，一次可以装载54箱，茶叶总重量超过5 000磅。训练大象也成了一些欧洲公司职员的一项很有利可图的副业。他们购买野象，对它们进行秘密训练（这在离公司总部很远的地方并不困难），然后声称这些是他们购买的驯化大象，并将其转卖给公司。

阿萨姆公司除了维持和改进从东印度公司接管的那些已有的茶园外，还承租了生长有茶树的丛林，用以生产茶叶。这些承租的土地有10—20年的宽限期，在这一时期内公司不用向政府交纳租金。到了1840年末，该公司已经种植了11平方公里的茶树，出口了10 202磅茶叶。所有人都感到很满意。年度报告预计茶叶产量将在1845年达到32万磅。

然而第二年的茶叶产量却没有能够达到预期的目标，而费用却大幅上涨。公司派遣一位名叫J·M·麦基的代表前往阿萨姆进行调查。与此同时，怀特和布鲁斯与在加尔各答的公司管理层发生了争执，然后就辞职了。麦基于1843年10月来到了纳济拉，他除了是一位"德高望重的绅士"之外究竟有什么资格去处理这一局势，我们已不得而知了。到了1844年6月他仍然未能提交调查报告，于是公司就将他解雇了。除了以上这些问题外，公司的财务记录的提交也被拖延了10个月。

公司是在没有完全成立法人的情况下运作的，因此要承担无限责任。这意味着一旦公司破产，其股东将承担其债务。这些问题以及来自印度的坏消息足以将一些股东吓跑，他们宁可放弃股份也不愿意承担未来可能发生的债务。该公司最终于1845年——也就是公司成立六年之后——根据议会的一项专门法律成立了法人。公司印章上的图案是一棵茶树和一只大象，其周围环绕着一句格言"ingenio et labore"，意思是"凭着我们的聪明才智努力工作"。1845年公司宣布分红，它这么做是为了安抚股东，因为当时公司并没有盈利，用于分红的钱是从银行借来的。公司的财务状况非常糟糕，以至于一些董事想对它进行清算，但是他们没有找到买主。

接下来公司采取了严格的节省开支的措施，它卖掉了一艘蒸汽轮船和一个木材加工厂，并放弃了其在北部和东部的一些种植园。当伦敦的董事们惊慌失措的时候，加尔各答的董事们保持了镇静。他们更换了阿萨姆的管理人员。剩下的那些较为集中的、仍然处于生产状况的种植园得到了较好的管理，茶叶的质量也提高了。公司的情况在1847年开始好转，1848年第一次盈利。到了1850年，公司还清了债务。一些在早些时候被放弃的茶园也重新开始了生产。1852年公司分配了一次真正的红利。

阿萨姆公司在10年之内将茶叶的产量从1万磅增加到了25万磅。在又过了5年之后的1855年，产量达到了58.3万磅。在当时该公司还是阿萨姆地区唯一的茶叶出口商，但情况很快就发生了改变。19世纪50年代，一些小型茶叶种植园纷纷效仿阿萨姆公司的模式开始了茶叶生产。事实上，其中许多就是阿萨姆公司的英国雇员开创

　　　　　　　茶：嗜好、开拓和帝国

的。他们在其为阿萨姆公司管理的种植园的旁边购买一块土地，这样他们可以在为阿萨姆公司工作的同时照料自己的茶园，也许还可以"借用"公司的种子和劳动力。1859年，一个新成立的大型公共公司——乔尔豪特茶叶公司（Jorehaut Tea Company）开始经营。该公司吸收了几个已有的小型茶叶种植园作为核心，然后经过扩展而成为茶叶生产行业的一支主力军。到了1859年，除了阿萨姆公司和乔尔豪特茶叶公司外，在阿萨姆还有另外50个茶叶种植园。

　　大吉岭是印度境内另一个早期种植茶叶的地区。由于这一地区适合种植茶叶的土地有限，因此它从来就没有能够大量生产茶叶。但是那里生产的茶叶的质量却是上乘的，最终大吉岭茶叶成为衡量其他优质红茶的一个标准。

　　·　大吉岭原处于锡金国王的统治之下，后来廓尔喀人（Gurkha）于1768年控制了尼泊尔并吞并了其大部分领土，从而使他们与英国人之间有很长的领土边界。廓尔喀人开始对英国领土发动袭击。在廓尔喀人攻占了一些小的要塞之后，英国人于1814年对他们宣战。廓尔喀人被彻底击败。在随后的停战协议中，廓尔喀人将其所吞并的1万平方公里的锡金领土割让给了英国人。英国人想要在他们自己的领土和廓尔喀人的领土之间建立一个缓冲区，因此就将这块领土交还给了锡金国王。

　　1828年，劳埃德上校在调查锡金和尼泊尔之间的一起边界纠纷时去了大吉岭。这个小镇曾经是廓尔喀人的一个要塞，后来完全被放弃了。尽管如此，由于它海拔2 100米而且气候非常宜人，因此劳埃德认为可以在这里建一个英国人的疗养院。他提交了一份报告，并且被东印度公司授权与锡金国王就此事进行协商。锡金国王于 1835 年将大吉岭包括那个被放弃的小镇在内的一片土地割让给了英国人，每年只收取一小笔补助。

1839 年，印度医疗部的坎贝尔大夫被任命为该地区的总督。他在那里修建了一个生意红火的疗养院，专供东印度公司的军人和职员使用。他还在那里建立了财政和司法系统，修建道路、住宅和市场。数以千计的移民从尼泊尔、锡金和不丹涌入这一地区。热衷于园艺的坎贝尔大夫在他的花园中对各种植物进行实验。1841 年坎贝尔从戈登在库马翁的茶树上获得了一些茶树种子，将其种植在自己的花园和较低的山坡上。茶树生长得很好。著名的植物学家约瑟夫·胡克博士报告说，种植这些茶树"可以获得巨大的利益"。1847 年东印度公司建立了一个苗圃，为那些已经开始承包土地的英国茶叶种植园主培育茶树幼苗。

然而，就在这个时候，锡金政府却变得越来越好战了。他们对英国领土发动了一系列袭击，最终在 1849 年抓走了坎贝尔大夫和约瑟夫·胡克博士，将他们关进了监狱，坎贝尔还遭到了殴打。这不可避免地招致了报复。英国人对锡金发动了一次军事远征，锡金在未发一枪的情况下就投降了。英国军队释放了被锡金人关押的英国人，取消了对锡金国王的补助，并且吞并了与大吉岭临近的 1 660 平方公里的土地。

10 年之后，锡金人再次对英国领土发动了袭击。这次英国人派出了一支更大的军队，攻占了锡金的首都图姆隆。英国人还受到不丹人的袭击和绑架，于是他们又举行了一次军事讨伐，并于 1865 年取得胜利。根据随后签署的停战协议，又有一些领土被割让给了英国。结果英国属大吉岭从原来的一个小疗养院扩展到了一个面积为 3 000 平方公里的地区。

大吉岭的发展非常迅速。这个地方气候宜人，对于英国人来说是一个很有吸引力的定居地。它的风景也非常好。约瑟夫·胡克从一所房子中报告说："这里的景色真是无与伦比。从这里可以看到喜马拉雅山，这是全世界最壮观的雪山风景。"与印度的其他地区不同，在这里寻找劳动力一点儿问题也没有，因为有大量从附近来这里寻找工作的尼泊尔人。到了1866年，大吉岭有39个茶叶种植园，共种植40平方公里的茶树。到了1874年，共有113个种植园，73平方公里茶树，茶叶产量为400万磅。另外，大吉岭开始以其高品质的茶叶而闻名。

大吉岭的年降水量在180—380厘米之间。在山谷的底部为热带气候，而在2 100米的山上，夜间气温可降至接近零度。这影响到茶叶的生长速度。在较高的地区种植的茶树产量要比较低的地区的茶树产量低，但是这些生长缓慢、产量低的茶叶味道更好，因而更受人们的欢迎。

采茶季节开始于3月底，一直延续到11月底。采摘过程受到严格的监督，只摘取一个新芽和两片嫩叶。在雨季生产的茶叶是从快速生长的枝条上摘取的，因而并不是最高品质的茶叶。质量最高、味道最好、价格最贵的茶叶是在采茶季节一开始的时候，也就是在季风到来之前收获的。品茶专家每年都会急切地等待"初次绽出的大吉岭茶叶"的到来。但是人们认为最高质量的茶叶出自第二次采摘——也就是著名的"第二次绽出的大吉岭茶叶"。人们最喜欢的另一种茶叶就是"秋季大吉岭茶叶"。这种茶叶是在采茶季节的最后阶段收获的，在那个时候茶叶生长缓慢，因而味道也很浓郁。

种植高度并不是茶叶质量的唯一决定因素。在同一高度的不同茶园中种植的茶叶在质量和价格方面差别很大。这可能是对茶叶采摘的监督的严格程度或茶叶种植和加工技术等原因造成的。但是不同的土壤以及中国茶树与后来被带到这里的阿萨姆茶树的杂交程度很可能也起到一定的作用。对于大吉岭茶叶种植园主来说，质量是他们的制胜法宝，因为那里茶叶的产量仅为阿萨姆等茶树生长茂盛地区的一小部分。

1857 年在印度历史上是灾难性的一年，因为那是一个"叛乱"之年。在此之前的 10 年中，东印度公司一直实行一种侵略性的兼并土地的政策。根据印度的习俗，没有自然继承人的国王应该收养一个儿子以继承他的王位。但是东印度公司拒绝承认这种王位继承，它兼并了大片土地，包括萨达拉、乌代布尔、占西和那格普尔。1856 年东印度公司废黜了"软弱的"乌德国王并霸占了他的王国，这更增加了印度人对东印度公司的仇恨。在地主和农民之间也因为土地租期的变更而发生了冲突。与此同时，在东印度公司的军队中也出现了麻烦。根据英国新通过的一项法律，该公司的军队中的印度籍士兵有义务在海外服役，有些印度籍士兵出于宗教的原因而反对这一做法。1857 年，英国军队使用了一种新式步枪。这种步枪的子弹上涂着动物油脂，而在装载子弹的时候士兵必须用牙齿咬掉子弹顶部的包装。由于信奉印度教的士兵不能吃牛肉，而信奉穆斯林教的士兵不能吃猪肉，因此他们都拒绝使用这种子弹。英国人让一批又一批印度士兵列队站在英军的炮口前面，让他们装载子弹，所有拒绝这么做的士兵都被遣散。这成了反叛的导火索。

反叛于 1857 年发生在距德里 64 公里的密拉特。一些拒绝装载新型子弹的士兵被戴上枷锁关进了监狱。当英国军官去教堂的时候，三个团的印度士兵发动了反叛。他们释放了犯人，杀死了几名军官，然后就向德里进军。在德里的印度士兵欢迎他们的到来，与他们一起

　　　　茶：嗜好、开拓和帝国

"处决约翰公司"

（《笨拙》周刊，1857 年 8 月 15 日）

占领了德里。反叛扩散到人口密集的恒河平原，但是很少超出这一范围。英国军队用英国和印度士兵进行了镇压，并最终控制住了局面。交战双方都实施了很多暴行。许多英国平民，包括男人、女人和儿童都遭到了屠杀。英国人在重新控制这一地区之后实施了可怕的报复。他们烧毁整个村庄，绞死了很多无辜的男人，对那些被怀疑参与叛乱的印度人实施酷刑，然后将他们绑在炮口上，用炮弹炸成碎片。英国人最终于 1858 年宣布叛乱被平息。

虽然叛乱延续了一年多的时间，但是并没有扩散到印度的很多地区，尽管如此，它还是产生了深远的影响。在英国人与印度人之间仅存的一点儿信任也基本上消失了。英国人变得更加傲慢，更加坚信自己民族的优越性了。为了加强对印度的控制，他们增强了那里的英国军队，尤其是由英国士兵组成的军队。英国人为镇压反叛花了很多钱，最终这些费用以及后来扩大防守的费用都要由印度人来支付。与此同时，东印度公司开始向英国政府贷款，用以修建桥梁。以前英国政府之所以能够容忍东印度公司的这种模糊不清的角色，是因为该公司为其带来源源不断的财富，而现在英国议会采取了坚决的行动。1858 年 8 月，东印度公司在印度的所有权力都由英国政府直接接管，东印度公司任命的印度总督坎宁勋爵成为英国政府任命的第一任印度总督。

阿萨姆离主要的叛乱地区很远，因此没有受到很大影响。但是在吉大港的军队的暴动的确造成了一定的恐慌。几百名海军士兵被派到这一地区，以应付可能出现的麻烦。在一起谋杀基督徒的阴谋暴露之后，一些茶叶种植园主暂时放弃了他们的种植园。叛乱对这一地区

　　　　　茶：嗜好、开拓和帝国

造成的最大的不便就是河流运输中断。叛乱在印度的其他地区也造成了一些混乱，但总的来说，它对于这些地区的发展所造成的影响是非常短暂的。

茶叶种植由阿萨姆向其他地区扩展的过程非常缓慢。从19世纪50年代起在大吉岭就有了一些茶叶种植园主；在喜马拉雅山脚下的库马翁河和加瓦尔有一些政府建立的小苗圃和种植园，里面种着中国茶叶的种子。在那里政府花园的私有化过程比阿萨姆慢，但是在1856年之后逐渐出现了一些私人种植园。到了1863年，在库马翁、台拉登、加瓦尔和西姆拉等地区共出现了78个茶叶种植园。与阿萨姆不同的是，在这里有一些富裕的印度人建立了茶叶种植园，其中包括克什米尔的马哈拉贾家族。

事实证明，阿萨姆本地的茶树远比戈登在19世纪30年代从中国带过来的茶树更加适应当地的条件。在阿萨姆，这些本地茶树逐渐取代了中国茶树，但是在此之前，在这两种茶树之间已经发生了有害的异花传粉，其结果是产生了杂交茶树。由于戈登购买的茶树和种子大多数都属于劣质品种（实际上这些种子是在戈登不在中国的时候发的货），因此这种杂交茶树的缺陷尤为明显。在阿萨姆以外的地区，大多数茶树都种植在海拔大约600到1 800米的地方，在那里中国茶树生长得比较好，因此东印度公司准备从中国再引进更多新的品质优良的茶树。

东印度公司于1848年派遣罗伯特·福琼（Robert Fortune）到中国去寻找优良的茶树品种。福琼是19世纪伟大的植物标本采集专家之一。他出生于1812年，曾在爱丁堡附近的花园中学习园艺，后来到伦敦的皇家植物园工作。1842年他担任了位于伦敦附近的奇思维克的园艺协会温室的总监，第二年园艺协会派他前往中国的北部收集植物样本。外国人在这个地区旅行非常困难，在鸦片战争之后尤其如此。福琼说服园艺协会提供给他一支猎枪和两把手枪，当他的舢板船从上海开往舟山的途中遭到海盗袭击的时候，他用上了这些枪。当时他虽然正患伤寒，但是表现得非常沉着冷静。他等到海盗船离他所乘的船只有不到 20 米的时候突然从船上跳起，举起双管猎枪对准海盗开火。然后他又射中第二条海盗船的舵手，使该船失去了控制。结果海盗船逃走了，福琼安全到达舟山，继续寻找植物样本。他发现了从杜鹃花到棕榈树等许多以前不为西方人所知的植物，其中有几种是以他的名字命名的。也就是在他第一次中国之行的过程中，福琼了解到绿茶和红茶原来是用同一种茶叶通过不同的加工方法制作而成的。他也是第一位认识到这一点的欧洲人。

中国农村的生活给罗伯特·福琼留下了很好的印象："我完全相信，中国人所遭受的真正的苦难要比世界上任何其他地方的人们都少……我怀疑世界上是否有比中国农民更加幸福的民族。"福琼于 1848 到 1851 年之间去了中国的很多地方，以寻找最优良的茶树品种。他伪装成中国商人，从外国人很多的上海出发，前往内地生产高品质茶叶的地区。当时他已经留了一条辫子，并且一离开上海之后就将其头上其他部位的头发剃光，穿上了中国衣服。他乘坐船或者轿子旅行，对所到之处的气候、土壤、植物以及茶叶的采摘和加工作了详细的记录。他往印度送回了两万种茶树样本，并将这些样本用四条不同的船运送，以确保至少有一些能够安全到达。

这些植物被装在沃德盒子中。纳撒尼尔·沃德是伦敦的一位医生，他曾经在一个封闭的瓶子中保存了一个虫子的蛹，结果瓶子中的一些种子意外地发了芽。在这种密封的空气中，这些植物在没有水的情况下存活了四年之久。随后沃德发明了一种用木板保护得很好的用来运输植物的玻璃盒子，这种盒子放在甲板上或者挂在船的一侧，可以将植物运送很长的距离，经历严寒和酷暑而不会死亡。不新鲜的茶

　　　　茶：嗜好、开拓和帝国

树种子很难发芽，在种子与它的护套之间会裂开一个口子，而这一空隙会遭到水的浸泡。福琼通过将种子种在沃德盒子中，任由它们在被运往加尔各答的途中发芽的方法解决了这一问题。他还成功地招募了八名具有很高资历的茶叶专家，并购买了大量的茶叶加工设备。在回到印度之后，他看到自己送回来的茶树被成功地移栽到了加瓦尔和库马翁，并且由他所招募的中国人生产出了优质的茶叶。

在位于上阿萨姆茶叶生产地区以南的卡夏尔，一些"野生"茶树于 1855 年得到了确认。到了 19 世纪 50 年代末，在这一地区出现了一些小型茶叶种植园。在印度南部，茶叶是咖啡的一个附属作物。试验性种植早在 1832 年就开始了，但是到了 1881 年，那里的茶叶种植面积仍然不到 20 平方公里，而且这些茶叶种植园大多数都位于尼尔吉里丘陵。

急于发展茶叶产业的政府以非常优厚的条件向种植园主提供土地。勘查土地的费用由承租者支付。在承租的土地中，有四分之一永远不用支付任何租金，另外的四分之三免租金 15 年。在 15 年之后，承租人只需为那四分之三的土地缴纳很少量的租金。但是承租人有义务开垦其所承租的土地——在头 5 年中开垦八分之一的土地；在 10 年内开垦四分之一的土地；在 20 年内开垦一半的土地；在 30 年内开垦四分之三的土地。这一政策使人们可以在头几年不用支付任何费用的情况下获得土地，因而使印度成为土地投机者的天堂。

到了 1860 年，人们认识到在印度种植茶叶是有利可图的，于是出现了抢购茶叶股份和茶叶种植土地的狂潮。没有人担心种植、加工或销售茶叶挣不到钱——"经营茶园只赚不赔"。公司和个人都争先恐后地购买用于种植茶叶的土地。在 1862 到 1863 年期间，仅在卡夏尔一个地区，人们申请用于种植茶叶的土地就超过了 2 000 平方公里。正如后来的一份政府报告所指出的：

根据土地承租规则中有关开垦的条款，这么多的土地承租申请意味着在今后 10 年中将有 14 万英亩①土地被开垦为茶叶种植园。要做到这一点，他们需要将近 14 万个劳动力。但是我们都知道，在那个时候，这一地区的总人口数还几乎没有超过 14 万。

茶叶种植用地的申请者必须预先缴纳土地勘查的费用。这些在茂密森林中作出的勘测极为不准确。在后来重新对这些土地进行了恰当的勘查之后，人们发现，在有些最初的勘查中错误是如此之大，以至于有许多土地根本不存在；而另一些土地则在敌对的土著人的控制之下，因此根本无法利用。实际上土地面积被夸大了。许多土地被出于欺诈的目的卖给了由土地所有人自己所代表的公司。

尽管存在这些欺诈行为，茶叶生产量还是有了大幅度的增长——从 1862 年的 200 万磅增长到了 1866 年的 600 万磅。然而这些茶叶中大多数的生产成本都很高，而且质量很差，茶叶的平均价格跌了三分之一。大多数新建的茶叶种植园都在亏本经营。当伦敦的金融市场发生危机的时候，这些种植园的末日也就来到了。在印度，阿格拉银行倒闭了，而加尔各答的金融市场也处于紧张状态。银行催还它们为投机性茶叶地产所预先支付的钱款，这导致了这些地产被强行卖掉。茶叶公司的价值直线下降，经济泡沫破裂了。

茶叶种植业所引发的狂热以及随后这一行业的崩溃，导致了印度茶叶种植业的增长停滞了一两年。许多人赔了本，那些生产能力低下的茶园被放弃了。然而，由于人们采取了更加谨慎的态度，并对成本实施了更加严格的控制，茶叶种植面积不久又有了增长。1873 年在印度总共有 304 平方公里的茶树，茶叶产量为 1 500 万

---

① 大约 600 平方公里。——译者注

磅。到了 1880 年，茶叶种植面积达到了 843 平方公里——其中四分之三都在阿萨姆，茶叶产量达到了 4 300 万磅。印度生产的茶叶大部分都被运往英国。相对于中国茶叶来说，印度茶叶有一个巨大的优势：前者需要缴纳 35% 的进口税，而后者则是免税的。另外，印度茶的总体质量也高于中国茶。在 1888 年，印度的茶叶产量上升到了 8 600 万磅。这一年具有里程碑式的意义：英国从印度进口茶叶的数量第一次超过了从中国进口茶叶的数量。大英帝国的一个梦想终于实现了。

早期的茶叶种植园主所使用的交通工具包括大象、轿子和船。由于大多数地区都处于沼泽地带，因此不适合使用马匹和牛车。要等更好的道路修建之后它们才能够得到广泛的使用。

一种在当地被称为帕尔基（Palkee）的轿子在加尔各答和其他地区被广泛使用。它基本上是一种结实的长箱子，在箱子的一侧装有推拉门，乘客就躺在箱子里面。一根杆子穿过箱顶并从箱子两端伸出来，搭在四个轿夫的肩膀上。轿夫以其耐力著称，他们可以通过安排得当的接力将乘客运送到很远的地方。1848 年，约瑟夫·胡克就是乘坐轿子从加尔各答前往大吉岭的：

> 这种轿子绝不是一种舒适的交通工具：如果我打开推拉门，大量的尘土会飞进轿子中；而在下雨天关上推拉门的时候，里面又闷热难当。在到达目的地后爬出轿子的时候，我感到浑身酸痛，头晕眼花。我希望以后再也不要见到轿子。

一个帕尔基轿子

(图片来源:《一个阿萨姆茶叶种植园主的生活》,1884 年出版)

轿子有其局限性,并且只能装载少量的行李,尽管如此,在某些路段它还是非常重要并且是唯一的一种交通工具。轿夫们抬着轿子跋山涉水,穿过布满蚂蟥的丛林。最终人们在胡克曾经考察过的 10 公里的一片狭长的地段修建了一条道路,而仅仅修建这样一段道路就需要搭建 300 座桥梁。轿夫们抬着轿子时行走的速度惊人,通常一天能赶48 公里的路程。而通过日夜不断的接力,他们能够取得比这快得多的速度。他们可以在 98 小时内完成从加尔各答到大吉岭山脚下的644 公里的路程。

种植园主依赖邮政服务与外部世界保持联系。重要的中心地区的邮政服务组织极好,而且速度快得惊人。英国人 1890 年就在孟买与加尔各答之间建立起了为期 14 天的邮递服务,邮差们通过接力将邮件从孟买运送到马苏里帕塔姆,再从那里运送到马德拉斯,最后再向北运送到加尔各答。邮差每隔 20 公里左右就更换一批。在夜间有人专门举着火炬为其照明,而在有的地方还有人为其敲鼓,以吓跑附

　　　　　　　　　　　茶:嗜好、开拓和帝国

近的野兽。拉迪亚德·基普林（Rudyard Kipling）在《陆路邮政》（*The Overland Mail*）一诗中歌颂了这些无畏的邮差：

> 河水泛滥了？那么他必须涉水或游泳；
>
> 雨水冲坏了山路？那么他必须攀爬陡峭的山岩；
>
> 暴风雨在肆虐？暴风雨对他来说算什么？
>
> 邮政部门从不接受"但是"或"如果"；
>
> 为了他的女皇——陆路邮政，
>
> 只要他嘴里还有一口气，他就必须完成任务。

一封从孟买寄出的信件大约要用26天才能到达加尔各答。1820年开通了从孟买经由那格浦尔到达加尔各答的直通邮件服务。在19世纪40年代，这一邮路的部分路段开通了马车；19世纪60年代又通了铁路。从孟买到加尔各答的电报服务开通于1860年。然而直到20世纪50年代，徒步邮差仍然是许多邮路上的主力军，他们在20世纪下半叶才逐渐退出历史舞台。在阿萨姆茶叶种植的早期，寄往那里的邮件首先通过邮差接力的方式送到阿萨姆边界的杜胡布里，然后被装在两人划的划艇上，沿着马普特拉河逆流而上，每24公里更换一次船员，直到上阿萨姆。早在1840年，从位于纳济拉的阿萨姆公司发出的信件只要11天就能够到达加尔各答。

从加尔各答发往伦敦的邮件通常需要五个月才能够到达。但是如果邮寄人不在乎花钱的话，那么他的邮件可以由邮差通过接力由陆路运送到2 182公里以外的孟买，然后由船运送到苏伊士，从陆路运送到开罗，再由蒸汽轮船运送到亚历山大港，然后再由船运送到马赛，再由马车运送到英吉利海峡，最后再被运送到英国。通过这种方式邮件可以在大约两个月内到达。

在阿萨姆茶叶种植的初期，人们通常乘坐"内陆船"从加尔各答前往阿萨姆。如果顺风的话，这些大约只有 12 米长的小船偶尔可以乘风逆流而上，但是在大多数情况下，需要五六个纤夫拉着船走。

这些船从加尔各答出发，沿着帕吉勒提河航行到达恒河上的巴布纳，然后沿着恒河向东顺流而下到达布拉马普特拉河，再向北逆流而上到达阿萨姆的高哈蒂。这一行程的快慢取决于河水的水量和流速。这 805 公里的水路行程往往需要三个月的时间。在阿萨姆境内的布拉马普特拉河的上游河段航行非常困难，而从高哈蒂到赛科瓦可能还需要两个月的时间。

蒸汽轮船出现后不久，就被东印度公司引入印度。从加尔各答到安拉阿巴德的政府蒸汽轮船客运服务于 1834 年正式开始，不久又开始了从加尔各答到阿萨姆的高哈蒂的不定期客运服务。这些蒸汽轮船由于太大而无法开进帕吉勒提河，因此它们从加尔各答顺流而下，到达孟加拉湾，然后从恒河的入海口孙德尔本斯找到一条航道逆流而上。由于这些航道的位置是不断移动的，因此在那里航行需要很专业的知识。蒸汽轮船将从加尔各答到阿萨姆的旅行时间减少到了三四个星期。

然而蒸汽轮船的开行数量太少而且不可靠，大部分交通还是依靠内陆船完成的。阿萨姆公司于 1842 年开始使用其自己的蒸汽轮船，但是这些轮船不能适应布拉马普特拉河艰难的航行条件，因此不得不退出服务。在 20 年之后的 1862 年，印度通用蒸汽轮船航运公司最终推出了从加尔各答到阿萨姆的定期客运服务，其轮船一直可以开到上阿萨姆的迪布鲁格尔。该公司使用了配备有风帆的浅水蒸汽轮船，它们拖带一种被称为"平板船"的很宽的驳船。当蒸汽轮船开到布拉马普特拉河上游的时候，就把这些驳船卸下，等它们从上游回

　　　　　茶：嗜好、开拓和帝国

来的时候再把这些已经装满茶叶的驳船拖回加尔各答。

当最初的茶叶种植园主到达阿萨姆的时候，那里几乎没有可以使用的道路。阿霍姆国王曾经修筑了一个广泛的道路网络，但是这些道路在这一地区被英国人征服之前的那段混乱时期几乎全部荒废了。这些道路有许多都建在高于洪水水位线的巨大的堤坝之上，因此茶叶种植园主得以修复其中的少数路段，以供其自己使用。1866 年政府修建了一条贯穿阿萨姆的交通干道，但是除此之外，1880 年之前在道路方面没有取得什么进展。在许多茶叶种植地区，种植园主修建了供自己使用的道路，并且希望政府能够提供资助。在雨季，有些种植园主可能会被洪水困在种植园中长达数月之久。

将铁路修到阿萨姆这样偏远的地区用了很多年的时间。1862年，始于加尔各答的铁路线延伸到了恒河边上的库什提亚 —— 内陆船就是从那里进入恒河的。这使前往布拉马普特拉河的路程变得远比以前更加快捷和容易了。铁路线于 1870 年继续往北延伸到了离阿萨姆很近的蒂斯达河，两年之后穿过边界，进入阿萨姆地区，并在 19世纪 80 年代延伸到了茶叶种植地区。

在早期，糟糕的道路状况和分散的种植园布局意味着在欧洲的种植园主之间很少有社交活动。阿萨姆公司在某些地区可能有六个左右相邻的种植园主。他们中的一些人于 1881 年成立了阿萨姆的第一个俱乐部 —— 哈提—普提台球俱乐部，但是俱乐部的许多成员居住在与其他成员相隔许多公里之遥的孤立的种植园中。而一些小种植园的主人只有一位合作伙伴（希望他们能够合得来）或者独自一人，并且他们跟最近的另一个种植园也相距很多公里。欧洲的种植园主与当地的阿萨姆人几乎没有任何社会交往。在阿萨姆还有其他欧洲人 —— 多数为政府官员和传教士，但数量并不多。一般来说，这些人也不是很愿意与种植园主交往。

　　总体而言，欧洲的种植园主在 19 世纪的印度社会中名声很差，这主要是由于木蓝种植园主的放肆行为所导致的。印度具有很长的种植木蓝和生产蓝色染料的历史，但是大规模地种植和生产蓝色染料，并将其发展成为一个主要的出口产品的还是欧洲人。木蓝种植园主在印度，尤其是在比哈尔获得了大片的土地，有些种植园的面积达到800 平方公里。一些曾经在西印度群岛使用奴隶经营过种植园的人来到了比哈尔，他们迫使佃农种植木蓝，却只给他们很少的报酬。他们通过使用私人部队和胁迫来达到这一目的。种植园主雇用的打手殴打农民，给他们戴上枷锁，并且对他们实施了致人死命的行为，这种行为在政府 1810 年发给治安法官的一份通报上用谨慎的语言称为"虽然不构成法律意义上的谋杀，但是却造成了土著人的死亡的暴力行为"。

　　在这些种植园主中最臭名昭著的就是威廉·奥尔比·亨特。他在蒂鲁特区和比哈尔北部拥有许多木蓝种植园。有三名低种姓的女孩冒犯了亨特和他的印度情妇，亨特被指控：

　　　　割下了她们的鼻子、耳朵和头发，并将其中一个女孩的舌头割下。他将她们戴上脚镣，残害她们的私处，并使她们染上了性病（被用担架抬着来到治安法庭的受害者之一姆萨芒特·姬诺吉后来就死于这种性病），并且还用其他极为残忍的方法对她们进行了折磨。所有女性都声称遭到亨特先生的强奸，其中一位声称，她在遭受强奸后羞愤难当，曾经试图投井自杀。

这一案件于 1797 年在加尔各答开庭审理，所有针对亨特的指控都被判定成立。但是亨特却以"起诉所导致的灾难性费用"为由为自己辩护，结果仅在支付了赔偿金和 100 卢比的罚金之后逃脱了惩罚。

由于木蓝种植业带来了很多财政收入，因此政府不愿意采取有力的措施制止木蓝种植园主的残暴行为。尽管有些人试图通过木蓝种植园主协会进行自律，但是这种暴力一直延续到 19 世纪末，并且只是在人造靛蓝的发明和生产导致木蓝种植业衰退之后才停止的。

印度的农民和政府官员都非常鄙视木蓝种植园主。1866 年担任钱帕朗地区收税官员和地方行政官的约翰·比姆斯将这些种植园主描述为："粗鄙，缺乏教养，酗酒成性，脾气暴躁，对土著人缺乏任何同情心。"农民对木蓝种植园主的仇视导致新建立的茶叶种植园很难招募到工人，而英国官员的鄙视又使种植园主处于欧洲人社会的底层，并且导致在早期只有那些找不到其他工作的人才会申请茶叶种植园的工作。木蓝种植园主的文化——即利益高于人道的文化——也影响到了茶叶种植园主的态度和行为。

在 1860 年只有 100 名欧洲人在茶叶种植园工作。到了 1880 年，人数上升到了 800 人。导致茶叶经济泡沫破裂的原因之一就是种植园的管理质量低下。在 1860 年，最有经验的茶叶种植园主都在为阿萨姆公司、乔尔豪特茶叶公司以及少数新建立的、往往是由所有者管理的小型种植园工作。对茶叶的狂热吸引了大量在其他行业失败了的人涌入茶叶种植行业。正如一份官方的报告所描述的：

> 那些年代的茶叶种植园主是一些稀奇古怪的乌合之众。他们包括退伍或被开除的陆军和海军军官、医疗人员、工程师、兽医、蒸汽轮船的船长、化学家、各种商店的店主、马夫、退休警察和其他鬼才知道是干什么的人。

在较大的种植园企业中，每一个"助理"负责经营一个种植园，并对总部的总监负责。这些助理毫无例外都是欧洲人。在阿萨姆公司的早期，该公司的总监指出，他们如果使用阿萨姆人或孟加拉人作为助理的话，情况可能会好得多，因为"完全不懂当地语言并且对其职责的任何方面都一无所知的欧洲人不仅是无益的，而且还很可能是有害的"。他的建议被当做了耳旁风，而在随后的100年中，印度的绝大多数茶叶种植园仍然由欧洲人管理。最初这些助理是在已经居住在印度，甚至出生在印度的欧洲人中招聘的，但是后来这些种植园趋向于直接从英国招聘助理。

这些欧洲人往往一旦聘用就签署五年的工作合同。如果在五年合同期满后他们续签三年合同的话，那么公司就支付他们回国度假的旅费。从欧洲经由非洲南端前往加尔各答的单程旅行可能需要五个月的时间。在早期，从上阿萨姆到加尔各答的旅行又需要四五个月的时间。因此，如果把一些意外情况考虑在内，从茶叶种植园到英国的一次单程旅行可能需要一年的时间。再加上六个月的休假，一个茶叶种植园助理一次回国就可能离开两年半的时间。

阿萨姆的茶叶种植园主所居住的平房最初是由木头和泥土建造的，屋顶上覆盖着厚厚的茅草。地面通常也是泥土的。茅舍的顶延伸到房屋墙外很远的地方，覆盖在一条高于地面的走廊的上方。种植园主通常会在这种走廊上度过很多时光。在门前的台阶上往往会有一个顶部盖有茅草的门廊。窗户和门通常是由竹子做框，上面绑着编织的茅草。房子本身的面积大约为18米×12米，通常有三个房间——在房子中央有一个客厅和餐厅，在其周围分布着卧室。为了尽量减小污水带来的问题，卫生间通常会建在离房子较远的地方，厨房也是如此。

阿萨姆茶叶种植园主的住宅

(图片来源:《一个阿萨姆茶叶种植园主的生活》,1884 年出版)

　　这样一个小小的住宅通常会有很多仆人。其中一些是从种植园的劳工中招聘的印度教教徒,但是也会有从加尔各答招聘来的穆斯林教徒,以负责那些不吃素的人的伙食。一位名叫乔治·巴克的阿萨姆的茶叶种植园主曾在 19 世纪 80 年代列出了以下这份仆人清单:

　　　　首先每个人都有一位服务员在餐桌上伺候其吃饭,他们实际上是管家中的一种;其次还有一位负责卧室和衣帽的仆人;然后是一名厨师和他的助手;两三名负责抬水的仆人,一名清洁工,两名在晚上轮流值班的更夫,两三名在炎热的季节负责拉动大型手动风扇的仆人,马夫(每匹马一个),园丁(人数根据花园大小而定),负责养鸡的仆人,以及牛郎和其他仆人。

　　大型手动风扇是所有欧洲人和富裕的印度人的住宅和办公室中一个必

不可少的设施，它实质上是垂直悬挂在头顶以上位置的一大块木板或者蒙着布的木框，一根绳子穿过墙上的一个洞通向房子的后面或侧面，在那里有一名仆人通过拉动绳子使风扇前后摆动，形成一股凉爽的风。在炎热的季节日夜都有仆人在负责这项工作。

茶叶种植园主的作息时间是这样的：早上 5 点钟起床，吃少量的东西作为早餐，然后开始工作；上午 11 点吃午餐，然后睡个午觉；下午两点到 6 点工作；然后洗澡，吃晚餐，放松；晚上 9 点 30 分上床睡觉。茶叶种植地区的所有种植园主都遵守这一作息时间，这样当他们互相串门的时候都会受到对方的招待，而不会打扰其作息计划。种植园主都非常好客，即使对那些不认识的人也是如此——"虽然他完全是一个陌生人，但他不也是一个白人吗？"

鸡是主要的荤菜："我们吃以各种方法烹饪的鸡肉：鸡片、鸡排、杀后马上烹调的鸡肉、鸡肉饼、咖喱鸡、鸡汤、烤鸡、炸鸡、辣鸡，以及用许多其他方法烹饪的鸡肉。"在加尔各答可以买到罐装食品，但是它们对于大多数茶叶种植园主来说太贵了。大多数种植园主都愿意购买的一种奢侈品就是酒。最初的种植园主喜欢购买白兰地，这种酒也比较容易运输。但是后来由于法国的葡萄种植园发生了病虫害，白兰地在 19 世纪 70 年代基本上已经消失并被威士忌所取代。随着运输条件的改善，啤酒也越来越受欢迎。种植园主们以酒量之大而著名，据说在最后一批种植园主离开印度的时候，他们所留下的唯一的纪念碑就是堆积在他们住所后面的空酒瓶子。

在印度的许多英国人都认为酒精饮料——尤其是红葡萄酒——具有医疗价值。医生会建议那些面临得流感危险的人"大口饮用"波尔图葡萄酒；而白兰地则被认为能够更好地预防霍乱。在人们中间流传着用酒神奇地治愈各种疾病的故事。据说约翰·劳埃德爵士曾经被他的医生宣布"活不过两个小时"，抬棺材的人已经被叫来了，但

　　　　　　　　茶：嗜好、开拓和帝国

是约翰爵士却活了下来。医生说:"他出乎意料地康复归功于红葡萄酒。在他患病的最后一个星期,我们每24小时就往他的喉咙里灌进三四瓶味道醇厚的葡萄酒,结果产生了意想不到的效果。"

早期的种植园主所面临的最大问题是他们的健康。阿萨姆以痢疾及其更为严重的形式——"丛林热"或霍乱而著称。当阿萨姆公司在1840年开始运作的时候,它共有大约二十名欧洲雇员。在那一年中,有三名雇员死亡,另外有三名雇员因健康原因而离开。第二年阿萨姆公司任命了第一位医疗官员——他于一年之后死于伤寒。阿萨姆公司等大公司雇用它们自己的医疗官员,而一些小的种植园则只能依赖少数几个政府的医生。上医院或看大夫是极为困难的事情,病人往往需要乘船或轿子长途跋涉。奎宁被用来控制痢疾,但是对于有些人来说它并不有效,或者会导致所谓的"黑尿热"——因为病人的尿液会变黑。在这种情况下病人就必须离开阿萨姆。一种名叫哥罗颠的包含氯仿和吗啡的止痛药成为治疗霍乱和肠胃不适的很受欢迎的药品。但是大多数种植园主都有健壮的体格,他们通过"每天早上服用一些奎宁,一个星期服用两次蓖麻油,每次月缺的时候服用一些甘汞"的方法保持良好的健康状态。

人寿保险公司的保费可以从一个侧面反映出印度的环境是多么不健康。即使英国的公务员的保费也是英国国内的两倍。而在印度死去的青壮年英国人的数量还只能反映问题的一半,因为还有许多人是在身体已经垮掉但是还没有死亡的时候离开印度的。在开罗和亚丁的墓地中躺满了那些未能完成回家的旅程的英国人的尸体。

从最早的时期开始,种植园主就携带妻子和儿女来到印度。在那济亚的墓地中除了东印度公司的职员的坟墓之外,还有一些妇女和儿童的坟墓。种植园的生活对于男人来说本来就已经很孤独了,而对于为数不多,往往需要等上几个月才能够见到另一位种植园主的妻子的女人来说，生活一定非常艰难。如果有年幼的孩子的话，这对于她们来说一定是一个安慰。然而印度被认为是一个不适合儿童健康生长的地方。因此有许多儿童在七八岁的时候被送回英国的"家"中由其亲戚照顾。

大多数种植园主都是单身，其中有些人包养印度情妇，这通常都是在偷偷摸摸的情况下进行的，因为这种关系不可能被欧洲的社会所接受。对于那些希望了解一个完全陌生的文化、学习完全陌生的语言的新种植园主来说，这种关系是非常有用的。这些"躺在床上的字典"是种植园生活的一道风景线。如果双方采取谨慎的态度的话，是可以被容忍的。在叛乱发生之后，英国人的态度变得强硬了——似乎英国人在性吸引力方面的感觉发生了变化。即便如此，乔治·巴克（George Barker）在他的《一位阿萨姆茶叶种植园主的生活》（*A Tea Planter's Life in Assam*）一书中所表达的以下观点也过于

一个茶叶种植园主

(图片来源：《一个阿萨姆茶叶种植园主的生活》，1884 年出版)

极端了——但也许不是，因为该书是由加尔各答最著名的出版商出版的：

> 许多年之前，缅甸人入侵并占领了整个阿萨姆，掠走了这一地区女性人口中的一大部分。从目前这个民族极为丑陋的形象来判断，缅甸男人可能很有审美能力，因为他们只带走了这个山谷中的美女。而他们所留下的那些相貌平平的女人们则在这里生育出了一代奇丑无比的阿萨姆人。

而许多种植园主对进口劳工也采取了类似的鄙视态度。

第四章

维多利亚时代的产业:"一流的丛林居民"

大家都知道,在茶叶产业的初期,产茶的地区移民工人的死亡率非常高。但是我相信很少有人会意识到当时的情况实际上有多么令人震惊。

——孟加拉政府高级秘书 J·W·爱德加,1873 年

从一开始人们就很清楚,阿萨姆种植园必须从外部进口劳工。茶叶的生产需要很多劳动力 —— 廉价劳动力。1 英亩①的茶园在一年的大部分时间都需要有一个或一个半劳动力进行照料,另外还需要管理人员、工头以及加工茶叶的技术工人。一个茶叶加工厂需要有大片茶园 —— 最好 500 英亩以上 —— 为其提供茶叶,才能够有效运作。新建立的茶叶种植园都需要相对廉价的劳动力,因为它们生产的茶叶必须与另一个拥有廉价劳动力的国家 —— 中国 —— 竞争。

总体而言,阿萨姆人对种植园的工作不感兴趣,其原因之一就是这种工作的报酬极低。在缅甸入侵之后,阿萨姆的人口锐减,因此很少有剩余劳动力。这里的大多数居民都有他们自己的庄稼要种,而且这些庄稼在一年中的大部分时间都需要有人照料。他们在农闲季节有时会找一些工作,但是这些劳动力并不可靠。确实有一些阿萨姆人成为常规的工人,尤其是在茶叶加工厂中,但是他们只是一些例

———————————————

① 1 英亩约等于 4 000 平方米。——译者注

　　　　　　　　　茶:嗜好、开拓和帝国

外。居住在阿萨姆一些地区的部落曾经帮助布鲁斯采摘过野生茶叶，但是他们都吸食鸦片成瘾，因此不是很好或很可靠的工人。

最早被招聘到阿萨姆茶叶种植园的外来劳工是中国人。戈登在其第一次去中国时所招聘的中国人中，有 3 人于 1836 年跟随布鲁斯来到阿萨姆种植试验茶园，其中 2 人不到一年就病死了。1838 年，戈登招募的另外 5 名中国人来到阿萨姆。在加尔各答有一个相当大的华人社区。政府似乎相信每个中国人都是茶叶专家，因此它聘请拉姆夸博士招募其中的一些中国人到阿萨姆去种茶。拉姆夸于 1840 年带着 18 名中国人来到阿萨姆，随后又有 24 名中国人来到这里。在前往阿萨姆的路上，政府将这些人分配给了新成立的阿萨姆公司。

拉姆夸提出了一个不同寻常的招募中国劳工的计划。他建议从中国的云南省步行将劳工带到阿萨姆。由于从中国的云南到阿萨姆有 1 280 公里的路程，而且沿途都是崇山峻岭，因此这个计划是不现实的。尽管如此，政府还是招聘了一名中国经纪人，让他带着官方的信件和贵重的礼物前往云南去实施这一计划。但是这个人去了之后再也没有回来。拉姆夸博士于 1840 年末死于伤寒，于是这个计划就这样流产了。

与此同时，阿萨姆公司开始从马来亚招募中国人。但是第一批的 105 名中国人在前往阿萨姆的路上就出现了麻烦。他们在沿着布拉马普特拉河北上的途中与当地的一些村民发生了冲突，阿萨姆公司的助理想办法把他们救了出来，但是公司费了九牛二虎之力才使当地的政府放弃以袭击警察的罪名起诉这些中国人。

1840 年 2 月，另外 247 名中国人从马来亚来到了加尔各答。在那里他们之间发生了内讧，有 5 人严重受伤。在前往阿萨姆的路上，他们在巴布纳与当地的居民发生了冲突，两名当地居民被打死，另外两人受到重伤。地区治安官逮捕了 15 名中国人，剩下的那些中国人在他们的同胞被逮捕后拒绝继续旅行。三个月之后，由于当局无法明确认定凶手，所有被逮捕的中国人都被无罪释放。但是中国人却不愿意继续前往阿萨姆。在几次警告无效之后，阿萨姆公司解雇了除4人之外的所有中国人。这些被解雇的中国人在回加尔各答的路上不断与当地人发生冲突。回到加尔各答之后，这些中国苦力又到处寻衅滋事，结果被逮捕并流放到了毛里求斯。

从此之后英国人再也不试图去招募中国苦力了。（"苦力"是指那些廉价招募的东方非熟练工人，当时该词并没有贬义。到了后来，尤其是在南非，这个词才具有了贬义。）在随后的很多年中，在印度的英国人又招聘了少数几个中国的茶叶专家，但是在聘用之前进行了认真的调查，以确保他们的确在茶叶加工方面具有一技之长。从事体力活动的苦力的招募范围也只限于印度次大陆。

由于很少有受过教育的阿萨姆人，因此从事种植园的文书工作的多数都是孟加拉人。最初的医疗人员也是孟加拉人。种植园主一方面离不开那些既识字又会计算的孟加拉人，但另一方面他们却又普遍鄙视这些人。不仅在茶叶种植行业，而且在政府圈子里也是如此。著名的历史学家麦考利（Macaulay）勋爵在1834到1838年期间曾担任位于加尔各答的印度最高理事会的成员，他起草了印度的刑法典并且实施了对印度人的英语教育。他在一篇有关瓦伦·黑斯廷斯的散文中写道：

欺骗对于孟加拉人来说就像犄角对于水牛、利爪对于老虎、毒刺对于蜜蜂以及——就像希腊的一首老歌中所唱的那样——美丽对于女人来说一样必不可少。吹牛、狡辩、精心设计的骗局、虚伪、作伪证、造假——这些都是恒河下游的这个民族所惯常使用的攻击性和防御性武器。

英国人一直保持着这种对孟加拉人的反感。1877 年来到阿萨姆种植茶叶的奥斯卡·林格林，在 1933 年是这样描述他的公司派去见他的一位印度人的："这位合伙人是一只典型的专横傲慢的孟加拉猪。"

奴隶制在 18 世纪英国统治的印度十分普遍，大多数欧洲人蓄养家奴。东印度公司直到 1764 年还在从事贩卖奴隶的勾当，直到 1789 年奴隶出口才被禁止。18 世纪加尔各答的报纸上经常刊登有关奴隶的启事。以下就是一个名叫 J·H·瓦伦丁·杜波伊斯（J. H. Valentin Dubois）的中尉于 1784 年刊登的一则启事：

> 逃跑的奴隶男孩——两名奴隶男孩（他们的右手臂肘部以上的部位标有 V. D. 两个字母，他们的名字分别叫山姆和汤姆，年龄 11 岁，身高为 11 岁男孩正常的身高）于 10 月 15 日带着许多盘子和其他物品逃跑。本人请求任何绅士在遇到这两个男孩提供服务时检查其手臂，将他们关押起来，并通知其主人。本人将向任何抓住这两个男孩并将其送还的黑人提供 100 新铸卢比的奖赏。

英国统治下的印度最终于 1843 年废除了奴隶制，这比大多数其他英国殖民地晚了 10 年。但是印度的统治者声称，印度在法律上从来没有承认过奴隶的地位，从而避免了其他地方所出现的对奴隶主进行赔偿的问题。然而，没过多久，在印度又出现了一种新的奴隶制形式。

在废除了奴隶制后，出现了一种招募印度劳工到偏远的种植园去工作的做法。1833 年英国议会通过了《解放奴隶法案》（Emancipation Bill）。虽然这一立法赋予了奴隶权利并且规定了对奴隶主的赔偿，但是它所产生的直接效果却是有限的，因为原来的那些奴隶必须做几年"学徒"之后才能够从其主人那里获得自由。尽管如此，最终在加勒比海、毛里求斯和南非的英国种植园的劳工数量开始减少，种植园主不得不寻找新的廉价劳动力。有着数以百万计的穷人的印度成为他们一个显而易见的目标。

法国人早在 1826 年就开始从印度向他们在波旁岛（现在的留尼汪岛）的种植园出口劳工。最初这些印度人来自属于法国殖民地的旁迪切里和加里加尔，但是后来法国人开始在加尔各答招工。英国人坚持要让这些劳工接受英国官员的讯问，以确保他们是自愿的。通常他们会签订五年的劳务合同，确保他们能够得到工资和免费的食物。在那时有人曾经试图将一些印度人送往英属毛里求斯，但是经审查，所招募的那些人被证明不适合那里的工作。1834 年，英国人"成功"地将 39 名印度人送往毛里求斯的种植园。到了 1838 年，大约 2.5 万名印度人到达了那里。

这些早期的移民大多数来自孟加拉西南部的焦塔讷格布尔。这些山区居住着大量的"原住民"—— 由于雅利安人和莫卧儿人的入侵而被孤立起来的土著人。随着他们人口的增长，当地的土地已无法维持他们的轮耕农业，因此他们开始从山区来到平原寻找农活儿。他们没有受过正规的教育，并且没有定居社会的经验，因此很容易受到剥削。这似乎使他们成为种植园的理想的劳工。约翰·格拉德斯通（也就是后来成为英国首相的威廉·格拉德斯通的父亲）从焦塔讷格布尔为他在德梅拉拉的甘蔗种植园弄到了一些苦力。他在印度的经纪人告诉他："人们总是说，这些人与其说是人，倒不如说更接近于猴子。他们没有宗教，没有受过教育。在目前的这种状态下，他们除了吃、喝、睡之外没有其他需求：他们愿意为了满足这些需求而劳动。"

印度政府于 1837 年通过一项法律，以控制这种移民。这一法律也适用于阿萨姆这个离招募劳工的地区如此遥远，以至于它几乎像是另外一个国家的地区。

阿萨姆公司在 1839 年，也就是其运作的第一年就开始从阿萨姆以外的地区招募印度劳工。一些欧洲人被派到有希望找到廉价劳动力的地区去招工。应招的工人在签署一份合同之后就可以得到一笔预付的工资。该公司在靠近阿萨姆西部边界的伦格布尔招到了第一批共400 名劳工，然后带着他们步行 260 公里来到了高哈蒂。其他劳工是在加尔各答以西的孟加拉地区招募的。1839 年底，W·S·斯图尔特来到了木蓝种植园主曾经成功地招募过劳工的比哈尔的哈泽里巴布和兰契地区。三个月之后，他从那里带着 637 名苦力开始了前往阿萨姆的长达 640 公里的徒步跋涉。在走到一半路程的时候人群中暴发了霍乱，所有的苦力在一夜之间全部逃跑了。阿萨姆公司损失了 10 727 卢比。斯图尔特后来被公司解雇了 —— 但并不是因为这次惨败，而是因为他在酗酒之后殴打同事。

在 19 世纪 40 年代和 50 年代，阿萨姆公司 —— 它是当地最大的雇主 —— 所雇用的苦力主要来自附近的孟加拉地区，其中有些是从布拉马普特拉河下游乘坐蒸汽轮船过来的。但是由政府运营的客轮是不定期的，并且这些客轮在 1852—1853 年第二次缅甸战争以及 1857—1858 年印度叛乱期间停止了客运服务，被专门用来运送军队。到了1860 年，在阿萨姆地区以及布拉马普特拉河谷的其他地区的茶叶种植园中总共只有 1.2 万名劳工。

19 世纪 60 年代，茶叶种植面积和招募的劳工人数都有了巨大的增长。1862 年开始运营的布拉马普特拉河上游的定期蒸汽轮船客运服务在这方面起到了促进作用。劳务承包商及其代理按照他们所提供的苦力的人头收费。他们不关心这些苦力的健康状况，只要他们能够活着完成前往种植园的旅程就行了。政府的一个特别委员会在 1862 年指出："有些苦力在被派出的时候已经处于濒死状态。"这些新招募的劳工糟糕的健康状况以及他们在徒步或乘船前往种植园途中令人发指的境遇导致了极高的死亡率。往往一批劳工在到达目的地之前就已经死掉了一半，但这被认为是可以接受的风险，因为正如特别委员会所指出的：

> 提供劳工被认为是当地的劳务承包商与种植园主之间的正常交易，"当活着的劳工到达目的地，并且死亡的劳工的费用得到解决之后，交易各方就认为他们已经履行了自己的责任"。

政府决定对此进行干预，并于 1863 年通过了第一部规制为阿萨姆地区招募和运送苦力的法律。该法规定，招募劳工者必须取得执照，所有苦力在出发之前必须接受体检，并且在运送过程中必须为劳工提供充分的卫生设施。这一法律遏制了对这些劳工的最严重的虐待，并降低了在运送过程中的死亡率。但是从正常的标准来看，这些劳工的境遇还是极为恶劣。

在从 1863 年开始的不到五年时间内，共有 108 980 名苦力被派往印度东北部地区，包括阿萨姆、卡沙尔和锡尔赫特。尽管受到新法律的保护，但并非所有的苦力都能够活着到达种植园。他们中有4 250名死于途中，其中大多数死于霍乱。另外还有759人在路上成功逃亡。

虽然大多数苦力都活着到达了目的地，但是他们到达时的健康状况令人担忧。位于上阿萨姆地区迪布鲁格尔市的体检医生曾写道：

> 在1864和1865年之间，每个月都有1 000名苦力到达这里……我见到过所有这些苦力。他们大多数人的健康状况还说得过去，但有25%的人处于虚弱状态。有几批苦力中，75%的人都处于虚弱状态。
>
> 一般来说，到达这里的苦力只要再走上10公里就会有几十人倒在路边。有一次，一批800个苦力沿着西萨戈尔路步行前往20公里以外的种植园，恰好赶到的格林大夫与他们一同前行。格林发现路边躺着大量已死或濒死的苦力，这发生在1865年7月。在此之前我已经从苦力中间挑出了身体情况最差的那些人了。我这里的一个小楼中住了60—70个病人，已经没有空间再容纳更多的病人了。
>
> 使大量瘸子、白痴、麻风病人以及处于各种慢性病晚期的人作为劳工被送到这里来的体检制度，是一场彻头彻尾的闹剧。

这些劳工多数来自焦塔讷格布尔和孟加拉的其他地区，另外一些来自奥里萨和西北各省以及乌德。他们中大约30%为妇女，其中许多还带着她们的孩子。在阿萨姆和其他偏远的东北部地区很难招募到苦力。种植园离主要的招工地区是如此之遥远，以至于在劳务合同期内这些苦力根本无法与其家人联系。许多人担心，即使在合同期满之后他们也可能永远无法回到自己的家乡，这种担心是很有道理的，因为在他们中的确很少有人能够最终活着回去。然而，对于那里的许多人来说，他们几乎没有任何其他选择，因为招工地区正在闹饥荒。在 1865 到 1866 年期间，在比哈尔和奥里萨地区发生了旱灾。根据当时官方的估计——现在人们认为这些估计低于实际情况，在这场饥荒中有 143.5 万人死亡，450 万人严重营养不良。

虽然在前往种植园的旅途中情况已经十分糟糕了，但是种植园的情况却往往更加糟糕。当时人们从来就没有认真考虑过应该如何解决这些劳工的吃饭问题——尽管这听上去令人难以置信。在阿萨姆根本就没有足以养活所有这些移民劳工的食物，结果大多数苦力都处于营养不良的状态，根本无法适应种植园艰苦的生活。另外他们的宿舍也非常简陋和拥挤。疟疾到处肆虐，饮用水受到污染，这导致大量苦力死于伤寒、痢疾、腹泻，尤其是霍乱。根据当时所作的为期六个月的统计，苦力的死亡率一般为 20%—30% 甚至更高。例如在1865 年下半年，在上阿萨姆的吉拉德哈里种植园的 282 名工人中有111 人死亡。在锡尔赫特的情况也好不到哪里去——在同一时期，在切拉贡种植园的 203 名工人中有 113 人死亡。

早期的统计数据很少。但是根据有关记录，在 1863 年 5 月 1 日到 1866 年 5 月 1 日之间，大约有 84 915 名劳工来到了阿萨姆及相邻地区。到了 1866 年 6 月底，这些劳工中只剩下了 49 750 人。其他的劳工或者逃跑了没有被抓回来（如果这样的话，他们很可能死在了丛林之中），或者死在了种植园里。由于一些苦力可能是在 1866 年 5、6 月份到达那里的，因此我们可以推测在这三年中劳工的死亡人数为35 165 人。

　　　　茶：嗜好、开拓和帝国

许多苦力中途逃跑了。种植园主们对于工人在合同期满之前逃跑感到非常生气，因为他们支付给劳务承包商很多的钱。1865年孟加拉政府通过了一项法案，以规制种植园的用工。该法规定了每天九小时的工作制、最低工资、三年的劳动合同、在大种植园的医疗官员和劳动监察官员的任命等事项。劳工监察官员在发现虐待工人的情况时可以撤销劳动合同。但是在种植园主的要求下，该法被修改了，并规定工人从种植园逃跑构成违反合同的行为，种植园主有权为实施合同而逮捕逃跑的工人。另外该法律还允许种植园主将合同延长至五年而这后来成为普遍的做法。

拒绝工作成为犯罪行为，许多苦力因此而入狱。1868年孟加拉茶叶种植委员会曾在报告中写道，在一些案件中，"我们被告知短期监禁产生了良好的效果，被监禁的苦力回到种植园，成为很可靠的工人"。通过逮捕和监禁的权力实施的合同导致了在许多种植园中低工资、糟糕的工作环境和虐待现象的延续，因为这种做法阻碍了自由劳动市场的发展，使不满现状的工人无法离开其所在的种植园前往条件更好的种植园工作。

如果苦力们能够预先了解那些条件最糟糕的种植园的情况的话，他们对于劳动合同就会采取更加谨慎的态度。考虑到这一点，政府于1882年通过了一项法案，其目的在于使苦力能够先到茶叶生产地区去看一看，在对当地的情况满意之后再签署合同。但是这一善良的愿望却因为戈瓦帕拉被指定为茶叶产区而完全落空了。戈瓦帕拉是位于阿萨姆边境附近的一个地区，其主要城镇图布里没有茶园，而且离茶叶生产区很远。工人们在那里并不能比在自己的家乡了解到更多的有关茶叶种植园的真实情况。远离阿萨姆地区的招工人员后来又规避了旨在保障苦力的招募和运送的法律规定，他们先将苦力送到图布里，然后在那里正式招聘他们。这一做法直到33年之后才得以矫正。

在 1881 年新法案通过之前，种植园主成立了他们自己的组织——印度茶叶协会。它最初成立于加尔各答，后来在包括阿萨姆的许多茶叶生产地区都成立了分会。当 1882 年的法案起草的时候，这一组织成功地对政府进行了游说。随着时间的推移，这一组织变得十分强大，并且通过与位于伦敦的印度茶叶生产地区协会合作，成功地阻止了许多改革劳动立法的措施。

一些茶叶种植园派遣自己的工作人员去招募苦力，这些人从中获得了大笔的佣金。一般而言，这种做法要比使用劳务承包商好一点儿，因为至少他们有招募健康劳工的动力。这些工头通常会回到他们的家乡，然后正如乔治·巴克所讲述的，他们会通过以下方法引诱当地人前去打工：

> 向他们指出种植茶树的快乐、勤劳的苦力能够获得的巨大财富以及他们有希望获得的地位。但是却忘记向他们提及那里致命的气候、身处异乡的悲惨以及其他不利条件。

然而在 1882 年的法案通过之后，这些工头开始与无照经营的劳务公司勾结，将苦力送往图布里去当茶叶种植园的工人。

大多数苦力劳务承包商来自孟加拉北部的比哈尔区，但是许多劳工来自孟加拉西南部的焦塔讷格布尔。焦塔讷格布尔是印度原住民的家乡，而原住民对于种植园主来说是最受欢迎的工人——他们被称为"一等丛林居民"。正如一位名叫戴维·克罗尔的种植园主所指出的："种植园主通过苦力的肤色判断其价值，肤色越黑越有价值。这种方法虽然简单，但是很实用。"在 19 世纪的最后 20 年中，有 35 万名苦力被从焦塔讷格布尔送到了阿萨姆，另外还有 35 万名苦力从其他地区——主要是比哈尔和联合省的平原地区——被送往阿萨姆。还有大量苦力被送往杜阿尔斯和其他产茶地区。每年有 1 万名苦力被出口到缅甸、海峡殖民地、毛里求斯和其他海外地区。孟加拉东北部的拉尼根杰是苦力前往茶叶生产地区途中的一个主要聚集点，那里的状况极为糟糕。一名医生于 1888 年对这个地方进行检查之后，在报告中提到了过分拥挤、糟糕的饮用水和食物，以及"死者的尸体被抛进河中或只被部分掩埋"等现象。

种植园主或者直接或者通过位于加尔各答的苦力经纪公司间接从劳务承包商那里订购苦力。这些公司大多是由经营着许多茶叶种植园的英国经营机构所控制的。苦力劳务承包商雇用阿卡提斯（ar-kattis）——即招工人员——到各个村庄去寻找目标。有些劳务承包商雇用一千多名阿卡提斯，仅在比哈尔的兰奇区就有五千多名阿卡提斯。中间商按每个人头 20 卢比的价格支付他们佣金，然后再将苦力以每个人头 50 卢比的价格卖给劳务承包商。这些苦力最终以每个人头 100 卢比的价格卖给种植园主。

1888 年，印度警察部门的 F·哈里顿·塔克警监被派到比哈尔调查针对劳务承包商及其员工的大量投诉。他在报告中指出：

（阿卡提斯）一般来说都是一些厚颜无耻的无赖。他们中间有刑满释放人员、窃贼、强盗和品德败坏的家伙。他们会采用各种卑鄙的手段来达到自己的目的——欺骗那些可怜而不幸的苦力外出打工。

然后塔克警监列出了这些招工人员所采用的各种不正当的手段：

> 一、承诺为他们在工资高的地区找工作而隐瞒阿萨姆和卡夏尔这些真正的工作地点，以引诱男人离开其家乡；
>
> 二、通过承诺为其找富裕的丈夫或者给其首饰等方法引诱女孩离开其家乡；
>
> 三、通过承诺与其结婚的方法引诱女孩或妇女离开她们的家乡，然后在图布里抛弃她们并将她们送上前往种植园的蒸汽轮船；
>
> 四、用各种欺骗手段引诱他们参加其虚假的生意，并用某种方式使他们陷入债务，然后把他们带到苦力招募点，把他们交给劳务承包商运往阿萨姆等地区。

塔克警监对最恶劣的阿卡提斯提起了一系列成功的公诉，但是由于这种现象太普遍了，因此他也无力改变整个局面。一份由塔克的调查结果所引发的官方报告指出："现行法律中有一个重大的缺陷，那就是它迫使移民劳工在对他们不利的地点和时间签署劳动合同，并且使他们实际上无法拒绝签署这些合同。"

孟加拉政府希望改革这一制度，但是却遭到了印度政府的阻挠。印度政府站在种植园主一边，因为它希望扩大茶叶种植产业。

英国在印度的治理方式非常复杂，而且处于频繁的变化之中。在整个 19 世纪，印度一直由首都设在加尔各答的由总督控制的印度政府管理。在 19 世纪末，在总督和印度政府之下成立了 12 个地方政府，其中包括 1874 年从孟加拉分离出来的阿萨姆。还有一个地方政府就是由一名副总督统治的孟加拉（官方名称为下孟加拉，但是这个名称很少被使用）。孟加拉又被划分为 4 个邦：比哈尔、奥里萨、焦塔讷格布尔和孟加拉。最后一个邦的名称 —— 孟加拉 —— 令人感到非常困惑。为了避免误解，它有时也被称做"孟加拉本身"或"严格意义上的孟加拉"。

虽然阿萨姆有其自己的政府，而且这一政府直接对印度政府负责，但是其劳工大多数是从孟加拉招募来的，因此阿萨姆的劳工在一开始是属于孟加拉政府管辖的。这导致了阿萨姆政府、印度政府和孟加拉政府之间的某种紧张关系，因为孟加拉政府具有相当大的自治权。一般来说，孟加拉政府采取了比阿萨姆行政专员和印度政府更加自由化的政策，而后两者则倾向于偏袒阿萨姆种植园主。

根据当时的制度，劳工通常是在离其家乡数百公里之外的地方签署劳动合同的，因此如果他们不满意当地的情况，他们根本没有钱支付返回家乡的路费。孟加拉政府指出，招工人员非常清楚，"在这种情况下，这些劳工除了签订为期五年的合同外，别无选择。因此这些招工人员往往不兑现他们以前所作出的承诺，有时甚至使用暴力迫使他们前往种植园"。

塔克警监被派往比哈尔的另一个原因是当时发生了多起"武力抢夺苦力"的案件：一些武装匪徒专门抢夺被运往茶叶生产地区途中的苦力，然后再将其非法出售。这不仅使一些茶叶种植园失去了他们正等着使用的劳工，而且使加尔各答的英国苦力经纪公司赔了钱。他们为运送苦力而投入的金钱损失了，而他们"贩卖"苦力的佣金也拿不到了。这种情况是这三个政府都不能容忍的。

在一些案件中，抢夺苦力的匪徒被逮捕和起诉，其中最典型的就是有关克里斯托·纳斯·米特和他的阿卡提斯的案子。在这个案子中，在多阿尔斯的一个茶叶种植园的两名工头在带着他们招募到的苦力——52 名男子、妇女和儿童——经过加亚的路上，遭遇了一伙阿卡提斯的拦截，并在一个临时的监狱中被关了两天。这些苦力被送到加尔各答，卖给了一位有执照的劳务承包商——麦克尔提希先生的儿子，后者又将这些苦力转卖给了贝格—邓洛普公司。该公司将这些不幸的苦力送往图布里，在那里他们被迫签署劳动合同，然后被送到上阿萨姆的一个茶叶种植园工作。对于这些苦力来说幸运的是（也许并不幸运），他们被"救"了出来，因为那两个工头从比哈尔的一辆火车上逃了出去，他们将这一抢劫事件告诉了他们的种植园的经理，而经理则向警方报了案。最终这些苦力被找了回来。

最臭名昭著的苦力劫匪是一个名叫约翰·亨利·劳顿的被开除的英国士兵。塔克最终使劳顿和他的同伙在几个案件中被判定有罪，从而将他们送进监狱。在其中一个案件中，当一个工头带着 30 名男人、妇女和儿童前往位于多阿尔斯的一个种植园的时候，伪装成警察的劳顿出现在他们面前。他把所有的人带到了一个仓库中，声称要检查他们的证件。然后他就迫使他们交出钱和食物，并把他们监禁了11 天。在此期间，他强迫每个苦力在劳动合同上画押，然后用牛车将这些苦力运往产茶地区。与此同时，那个富有冒险精神的工头从其被关押的地方带着一条毯子逃跑了。他将毯子卖掉，以支付前往加尔各答的旅费。在加尔各答，他又借了一些钱，用以支付回到种植园的路费。回到种植园之后，他将事情的经过报告给了种植园的经理和政府。这些苦力最终在卡夏尔的一个茶叶种植园——卡斯普尔种植园中被发现。劳顿把他们卖给了这个种植园的经理。

从以上案件中可以看出，一些"苦力劫匪"之所以能够被绳之以法，其中有很大的偶然因素，因为这些案件的成功告破都归功于种植园工头的成功逃跑和他们要使这些劫匪受到惩罚的决心。而许多其他案件都未能破获。另外，通过合法渠道向图布里输送苦力的活动仍然在继续。尽管人们请求政府让塔克留在招工地区继续调查此类犯罪行为，但是政府还是为了节省开支把他撤走了。

塔克曾经为保护苦力的权益作出了巨大的努力。在离开之前，他为这些苦力做了最后一件好事。他与帕格尔普的专员约翰·比姆斯（也就是在 20 年前猛烈抨击过木蓝种植园主的那个约翰·比姆斯）进行了会谈，安排了一条从焦塔讷格布尔到多阿尔斯的在政府监督之下的苦力运送路线。在这条路线上，每隔一段路程就有人提供清洁的饮用水，并且有警察保护劳工免受劫匪的袭击。在这条运送路线开通的头三个月中，就有 1 万名劳工和他们的家人在塔克的监督下通过这条线路被运送到多阿尔斯，没有一人遭遇到劫匪或感染霍乱。尽管如此，各方面仍然在为争夺苦力而争斗。由于无法再从种植园的工头那里抢到苦力，劳务承包商和他们的代理们开始相互争斗，相互从对方手中抢夺苦力。

从现有的资料来看，塞缪尔·贝尔顿（Samuel Baildon）—— 阿萨姆的一位种植园主 —— 于 1882 年所写的以下这些评论，似乎代表了当时种植园主对上述这种丑恶现象的态度：

> 如今获得苦力的方式和与这些苦力前往茶叶种植地区的旅途相关的官僚主义做法毫无必要，并且几乎没有真正的益处。尽管种植园主总是愿意尽最大的努力促进其工人的利益，但是他们不得不感到，政府对于这些深受其宠爱的苦力也过于小题大做了 —— 在招工地区更是如此。

　　不管是从陆路还是水路被运送到种植园的苦力都受到严格的看管，以防他们逃跑。在 1882 年的法案通过之前，这种做法是合法的，因为劳工在签署劳动合同的时候已经失去了自由。在 1882 年的法案生效之后，从理论上说苦力可以在去往茶叶生产地区的路途上——或者如果他们的目的地是阿萨姆的话，在到达图布里之前——改变主意，但是运送这些苦力的人会采取一切手段来防止他们逃跑。为此他们往往会动用非法的武力。由于大多数苦力都处于赤贫状态，因此逃跑对于他们来说不是一种选择。

　　在这些苦力签署了合同并开始在种植园工作之后，仍然会受到看管。种植园主将这些苦力看做他们购买的商品，因此会采取措施防止他们在合同期满前去另一个种植园工作或者逃走。有一个种植园主因为给他的一些"难以管教"的苦力戴上脚镣而于 1867 年受到审判。苦力们住的房子周围有很高的围栏，而且他们在晚上不准外出。围栏周围有很多保安把守。尽管如此，还是有许多苦力成功地逃跑了。

　　阿萨姆的土著居民对进口劳工怀有敌意，种植园主利用这种敌意鼓励他们帮助搜捕逃跑的苦力。帮助抓获一个逃跑的苦力的标准报酬是 5 个卢比，相当于苦力一个月的工资。这笔钱从被抓回的苦力未来的工资中扣除。有些种植园使用搜寻犬抓捕逃跑的苦力。尽管有这么多障碍，每年仍有大约 5% 的苦力逃跑并且没有被抓回。至于这些人是否在逃跑后获得了自由，这是一个值得怀疑的问题——他们很可能死于疾病和饥饿，或者被怀有敌意的部落杀死。那些被抓住的苦力会被带回到种植园，然后通常会被绑起来鞭打。许多人死于这种鞭打，一些种植园主因此而受到审判。但是在早期政府很少对种植园进行检查。大多数种植园主都不受法律的制约。

到了1873年，仍然有许多种植园主给政府官员写信称赞体罚在防止苦力逃跑方面的作用。他们呼吁由政府实施对苦力的鞭打，最好是由担任荣誉地方行政官的种植园主下达鞭打的命令。位于卡夏尔的迪尔克霍什茶叶种植园的经理在写给副行政专员的信中说："一般来说，苦力一点儿也不害怕监禁。如果能够对他们实施鞭打的话，我们就可以防止很多逃跑以及其他错误的行为。"那普克茶叶种植园的经理对于鞭打苦力也充满热情："棍棒可以对这些天生的窃贼和无赖产生极大的震慑作用 —— 在不对被鞭打者造成太大的伤害的情况下，由政府实施的平静、坚决和系统的鞭打更是如此。"

在茶叶种植园的早期，对苦力 —— 包括男性和女性 —— 的鞭打非常普遍。不仅那些逃跑的苦力，而且那些被认为没有尽力工作的苦力也会受到鞭打。孟加拉政府的高级秘书J·W·埃德加（J. W. Edgar）在1873年描述了"种植园主因为那些身体虚弱到不适宜做任何工作的苦力没有完成他认为应该完成的工作量而将其捆绑起来鞭打的做法"。他补充道："我有理由相信，当我于1863年到达卡夏尔的时候，这种做法在那里几乎是普遍存在的。并且有权威性的证据表明，这种做法在阿萨姆至少也同样普遍。"

尽管种植园主具有逮捕逃跑的苦力的权力，但不通过法庭判决鞭打苦力当然是非法的。然而很少有种植园主因此受到起诉，因为这些种植园都是封闭的世界 —— 几乎就像私人王国一样。在1883年，政府试图废除一项禁止在司法系统服务的印度人审理针对欧洲人的案件 —— 即使是仅涉及轻微犯罪的案件 —— 的法律。这项"伊尔伯特议案"（Ilbert Bill）（以提出这一议案的官员命名）遭到了在印度的英国人的严重抗议。在加尔各答市政厅召开的一场巨大的集会上，一位英国律师学着麦考利的腔调说："诬告对于孟加拉人来说就像短剑对于意大利人一样必不可少。不要忘记这里有很多狡诈的土著人，他们可以像蛇一样爬行到我们无法去到的地方——因为我们只能直起身子走路。"接着他敦促人们抵制这一议案，以免"让这些肥头大耳的印度人来对我们作出评判"。他的发言赢得了在场的大约3 000名欧洲人的喝彩。

站在反对伊尔伯特议案阵营最前沿的是印度茶叶委员会。它在阿萨姆和其他茶叶生产地区的各个分会纷纷举行会议，并且向加尔各答发送声援电报。政府最终作出了让步，规定只有在陪审团的一半成员为欧洲人时才允许印度本地法官审判欧洲人。很少有欧洲陪审团会判定欧洲人有罪，在涉及谋杀的案件中尤其如此。正如柯曾（Cur-zon）勋爵在1900年刚刚担任印度总督的时候指出的："在这个国家中涉及欧洲人和本地人的案件的审判没有任何公正可言。"

茶叶种植园主对于自己的这种坏名声感到非常气恼。他们坚持说，他们出于自己的利益也会很好地对待他们的劳工，因为他们需要健康而又心甘情愿为其工作的劳工。一名种植园主说："雇主都希望尽可能发挥其工人的能力，而不是杀死下金蛋的鹅。"他们对政府的任何干预都非常反感。然而事实上，他们中的许多人由于急于将丛林转变为茶园而将其工人的利益抛在一边。种植园主受到来自股东的压力，而且如果他们承租的土地不能按时开发的话，政府就可能将土地收回。这使他们不顾长远利益，并且导致大规模的不人道行为。正如博配塔（burpettah）地区的助理专员所说：

将一些瞎子、瘸子、傻子或其他不适合劳动的人送到种植园去做苦力不符合种植园主的利益，然而劳务承包商以及他们雇用的人却这么做了；在这些苦力前往阿萨姆的途中不采取措施预防流行病的发生的做法不符合种植园主的利益，然而他们却没有采取这种措施。他们让垂死的人在没有任何医疗帮助的情况下痛苦地挣扎，造成了最令人憎恶的不人道现象；在苦力到达种植园后不向他们提供住房、充足的食物和医疗救助不符合种植园主的利益，但是所有这些情况都发生了。

事实上政府根本就不应该让阿萨姆的茶叶生产发展得那么快，而应该在确保劳工都能够得到人道对待并且在建立恰当的监督制度之前控制移民劳工的输入。许多英国官员已经注意到了这种监督的必要，但是更注重商业发展而不是人道待遇的中央政府却对他们的呼吁充耳不闻。

当然，受契约束缚的劳工也被输送到多阿尔斯以及印度北方的其他产茶地区，然而一般而言，在这些地区对劳工的不人道待遇没有在阿萨姆那么严重，因为这些地方不像阿萨姆地区那样与外部世界隔绝。在阿萨姆以外的地区，种植园主无权逮捕逃跑的苦力。尽管如此，在那些地区的一些种植园中也发生性质非常恶劣的虐待苦力事件。许多试图逃跑的苦力被关押起来并且往往会被鞭打或殴打。当然，还有许多苦力在被送往种植园的途中就死于虐待。

在印度南方，受契约束缚的劳工的待遇也比在阿萨姆好，这主要是由于来自海外的竞争。大批劳工被从印度南方输送到纳塔尔、毛里求斯、马提尼克、留尼汪、瓜达鲁佩和斐济，另外，还有大批劳工移民到了锡兰的新茶叶种植园中。例如在 1888 年有 78 302 名苦力从马德拉斯移民到了锡兰，也许还有另外 6 万名苦力被输送到其他地区。

为了确保有足够的劳工，印度南方的种植园主还建立了另一种机制——债务奴役。种植园主向康加尼（kanganies）——印度北部的劳务承包商和种植园的工头的组合——提供无息贷款，让他们通过预付现金的方式招募劳工。后者不仅负责招募苦力，而且还在种植园负责监督这些苦力的工作，并且从他们的收入中提成。在有些情况下，这些苦力欠了别人的钱，康加尼只不过把债权转到自己名下，而在另一些情况下，他们让苦力欠下新的债务。无论在哪种情况下，这些苦力都几乎不可能靠着他们仅够维持生计的工资偿还其所欠的债务，因此他们就成了种植园的债奴，并且往往终身不得解脱。如果受债务束缚的苦力试图逃跑，警察会逮捕他们。

总体而言，随着时间的推移，茶叶种植园中苦力的境遇稍微有所改善。产茶地区的政府逐渐得到加强，并在监督劳动条件方面获得了更多的资源。那些已经具有良好基础的种植园的主人们不像其前辈那样面临着开垦土地的压力，因此趋向于更加人道地对待苦力。鞭打那些未能完成工作任务的苦力的现象已经不那么普遍了，但是仍然很常见。劳工的住宿条件普遍有所改善，但他们的宿舍仍然在严格的看守之下，以防其逃跑。在一些种植园中，清洁饮用水的供应和基本医疗设施的建立减少了劳工的死亡率。种植园主向劳工们提供小块土地用以种植水果和蔬菜，并且以政府确定的价格向他们出售谷物。

清晨在挂满露水的茶树丛中工作会很冷，种植园主会大量购买旧军用大衣——就是英军具有传奇色彩的红色大衣，然后将其卖给工人。在碧绿的茶树映衬下的鲜红色军大衣成为茶叶种植园的一道著

　　　　　茶：嗜好、开拓和帝国

名的风景。

尽管有了以上这些改善，茶叶种植园中劳工的生活仍然非常艰苦。在整个 19 世纪，从事种植业的工人的工资一直很低：在 1865 到 1900 年之间，种植园中男性工人的月工资为 5 个卢比，女性为 4 个卢比——从 1882 年起，这成为法律规定的最低工资。阿萨姆地区的首席行政专员亨利·科顿（Henry Cotton）爵士在 1900 年发现，许多种植园中的工人甚至连这一最低工资都拿不到。在这 35 年中，谷物的价格翻了一倍。到 1900 年，茶叶种植园中工人的这一最低工资只有阿萨姆地区其他农业工人工资的一半。科顿还发现：

> 在有些情况下，一名苦力在干了一整年之后只得到了几个安娜（便士）的工资。种植园的经理将工人看做他们的牛马，认为只要使他们保持在一个良好的身体状态就可以任意克扣他们的工资。

亨利·科顿爵士在 1896 到 1902 年之间担任阿萨姆地区的首席行政专员。在一开始他曾经是种植园主的坚决的支持者，但是在仔细调查了种植园的情况之后，他发现那里的苦力受到了残酷的剥削。即使是在最受尊敬的种植园中，他也发现了苦力遭到鞭打或殴打的证据。他还发现了种植园主的其他恶行：

> 不用说，我所了解到的情况可以说只是冰山的一角。有人曾经向我揭露，在有些情况下，当工人患病或不再适合工作的时候，种植园主就会撤销他们的劳动合同，以减少合同工的死亡率。出于同样的原因，他们将死亡的工人说成是逃跑。我知道有些种植园已经形成了将因患病而无法继续工作的苦力赶走的做

法。我亲眼见到政府的医院中挤满了合同被撤销并被从该省历史最悠久、最受尊敬的一个种植园中赶出来的患病或即将死亡的苦力。我曾见到躺在路边沟渠中或集市上的已经死去或即将死亡的苦力。

苦力们将亨利·科顿爵士看做他们的救星。当他于1901年来到卡夏尔的时候，在他经过的24公里长的道路旁边站满了苦力。他们手里拿着灯笼，嘴里喊着："科顿万岁！"当他在那一年晚些时候来到孟加拉东部的时候，他所经过的道路两边插满了旗子，上面写着："科顿先生——沉默的苦力的保护者。"

印度总督柯曾勋爵最初支持亨利·科顿爵士控制茶叶种植园中各种弊端的努力。但是当柯曾受到种植园主和媒体——尤其是英国的《泰晤士报》（The Times）——的诽谤攻击的时候，他撤回了对科顿的支持。出生于印度并且父亲和祖父都曾经是印度的行政官员的科顿辞职回到了英国，他成为英国议会的一名自由主义派议员，并且在那里继续为争取苦力的权益而斗争。

官方的报告一般都低估在茶叶种植园中的各种弊端。从早期开始它们就倾向于提出一个一揽子改进计划。当时有关饮用水供应和住宿条件的检查报告很可能是准确的。政府要求种植园主将苦力的死亡率控制在一定水平以下，那些死亡率特别高的种植园会受到调查。然而种植园主往往会在死亡率的统计数字上做假。另外，政府官员很难从处于脆弱地位的苦力那里获得有关一般工作条件的信息，因为这些苦力害怕说真话会受到报复，而且种植园主往往还会逼迫他们在接受政府官员调查时说一些有利于种植园主的假话。

1894年政府为了促进招工，组织一群阿迪瓦斯土著部落的首领参观了阿萨姆地区的27个茶叶种植园。陪伴他们前往的政府官员在

　　　　茶：嗜好、开拓和帝国

其报告中称赞了那里的工作条件，而部落首领团体则作出了与之完全相反的报告，但是他们的报告受到了政府的压制。在这份报告中，他们发现在 23 个种植园中的条件是不可接受的：对男女苦力的鞭打非常普遍，没有带薪病假，妇女在生完孩子后不到六天就被迫回去工作。这些部落首领还发现这些种植园中工人的工资太低，考虑到谷物的高价格则尤其如此。他们的工资要比其他企业中的劳工低得多。有许多苦力向他们控诉说，自己已经在种植园中干了 15 或 20 年，但是仍然穷得连回家的路费都支付不起。工人们把这些种植园称为他们永远也无法逃离的监狱。

有些劳工有一个改善其境遇的机会，那就是在其五年合同期满之后，他们可以选择每次只续签一年的合同。但是许多苦力在受到威胁或诱惑的情况下，又签署了 1882 年的法案所规定的为期五年的合同。苦力在欠种植园主钱 —— 他们中的许多人都欠种植园主钱 —— 尤其是在生病的情况下很容易被迫续签五年合同。

为了引诱男性苦力续签劳动合同，种植园主会向他们提供女人与其结婚，因为政府官员允许种植园主"处理所有进口女性劳工的婚姻事务"。戴维·克罗尔是在 19 世纪 90 年代为乔凯茶叶公司工作的一位较为开明的种植园主。他在其于 1897 年出版的一本名为《茶》（*Tea*）的书中谴责了这一制度。他还在书中描写了种植园主的一种更为恶劣的做法：他们通过安排苦力的婚姻，使夫妇双方的劳动合同在不同的时期到期。然后他们就用威胁将合同到期的一方逐出种植园，使其与其配偶分离的手段，迫使其续签合同。而他所续签的合同又在其配偶的合同到期之后到期，就这样循环往复，将夫妻双方永远束缚在种植园中。

儿童当然也要和他们的父母一起干活儿。事实上这是许多苦力家庭借以维持生计的唯一途径。儿童通常在五六岁的时候就要开始工作，在条件较好的种植园中，他们每个月可以挣到一个半卢比。

没有欠债的苦力在劳动合同期满后在劳动合同谈判中处于相对有利的地位。作为续签合同的条件，他们可以要求获得额外津贴或者稍微高一点儿的工资。他们还可以选择与地方政府签订劳动合同——有时这种合同为期仅一年，这样在他们逃跑的时候种植园主就无权逮捕他们了。他们可以选择不做苦力。更重要的是，他们可以选择到条件较好的种植园去工作。到了 19 世纪末，许多合同期满的劳工利用了这一机会。

然而有许多劳工从来没有能够行使这些权利，因为他们在合同期满之前就已经死了。虽然随着时间的推移死亡率有所下降，但是仍然高得惊人。那些根据 1882 年的法案招聘的工人更是如此。即使他们能够全额拿到法律所规定的工资，这种工资也不足以使他们获得基本的营养。因此根据 1882 年的法案招募的劳工的死亡率高于种植园其他工人的死亡率，而后者又高于其他行业的工人的死亡率。根据 1882 年的法案招募的苦力在五年合同期满之前的死亡率为四分之一。当然，在许多种植园中，苦力的死亡率要高于平均值。种植园主和政府辩解说，苦力的这种高死亡率是由于他们从外部带来的各种疾病所导致的。亨利·科顿爵士的调查显示，这种高死亡率与低工资和繁重的工作有关。医生们则将其归因于缺乏病假，他们说苦力们在因疾病而变得十分虚弱的情况下仍然被迫从事繁重的工作。

到了 19 世纪末，在那些较好的种植园中的工人的境遇有了显著的改善。戴维·克罗尔在他的书中描述了条件较好的工人宿舍："每所房子只住一到四个家庭，而不是像以前的房子那样最多住八个家庭。"他还以更为人道的语气谈论劳工:"我们通常会给新到来的苦力一两天的时间安顿下来,并在种植园的苦力中寻找自己的亲朋好友。"他还补充道:"我相信,我们对任何有知觉的生命都应该采取合理的友善、宽容的态度,更不用说是我们的同类了 —— 即使他们属于不同的种族。"

然而许多种植园主仍然坚持过去的做法。在 20 世纪初发生了一系列令人瞩目的种植园主与劳工之间的冲突。在 1901 年,阿萨姆的一位名叫霍雷斯·林沃尔的种植园主拒绝给予一个生病的苦力病假,并且殴打了几个声称要就此事向当局投诉的苦力,导致其中的两人受到重伤。一个主要由欧洲人组成的陪审团判定他无罪,但是他被最高法院判处罚金和一个月的监禁。印度茶叶协会对此提出了抗议,但是印度的总督柯曾勋爵维持了这一判决。

1903 年,另一个阿萨姆的种植园主比德·拜因在抓住了一个逃跑的苦力后将其殴打致死。他还因为这个苦力的妻子和侄女跟他一起逃跑而鞭打了她们。当地的一个由欧洲人组成的陪审团仅判定这个种植园主犯有"单纯伤害罪",并只判处他六个月的监禁。这一次种植园主群体又一次对他们中的一员表示了坚决的支持。

雇用契约制度最终因为在政治上再也无法被接受而被废除了。在英国和印度的议员、传教士和自由主义舆论都向英国和印度政府施压,要求他们废除这一制度。这一制度已令当局陷入了困境。1901年在招工地区重新建立了登记和监察制度;1908 年阿萨姆的种植园主失去了逮捕苦力的权力;1915 年政府终止了劳务承包商的经营许可,因而只有种植园的工头才有权招工。更加严格的政府监管使劳务承包商所能找到的苦力的数量越来越少,结果他们提高了价格。原本廉价的劳工变得越来越贵,种植园主们开始认识到,需要通过改善苦力的工作和生活条件、支付较高的工作报酬来吸引劳工。在 1901 年以后，受到根据臭名昭著的 1882 年的法案订立的雇用契约约束的苦力人数急剧下降。1926 年整个制度终于被废除。

到了 1900 年，在阿萨姆的丛林中已经种植了超过 80 平方公里的茶园。为此几个英国种植园主和几十万印度苦力付出了生命的代价。

有人争辩说，这些苦力即使没有被送往种植园，而是留在他们的村庄里，他们也会失去生命 —— 在饥荒的年代更是如此。这话也许没错，但是它能够成为英国的苦力承包商和种植园主残忍行径的借口吗？这些残忍的行径得到了政府立法的支持，并且是由那些蔑视印度苦力及其生命的茶叶种植园主所实施的。他们对印度苦力的这种蔑视的态度是从木蓝种植园主那里学来的，而后者的态度又是从加勒比海的奴隶制种植园中带过来的。种植园主自己的组织 —— 印度茶叶协会 —— 竭力反对政府为苦力制定的每项保障措施，但这绝不是说所有的种植园主都那么坏。他们中一些人的行为还是值得尊敬的，但有确凿的证据表明，大多数种植园都存在残暴的行径和极高的死亡率。然而对于那些种植园主来说，他们也得到了某种补偿。他们中的一位 —— 乔治·巴克 —— 1883 年在阿萨姆写下了以下这段话：

> 这里是印度唯一的一个欧洲人还能受到某种尊重的地区。在印度的所有其他地区，黑人都具有和白人相同的地位。新来到这个国家的人很快就会体会到这一点。而在这里 —— 阿萨姆 —— 欧洲人在东印度公司时代所取得的受到印度人尊重的历史悠久的权利仍然存在，并且得到了发扬光大。这使整个社会都产生了一种普遍的良好感觉。在这里，你不会遇到肥头大耳、趾高气扬地

举着伞走过你的身边，并且在经过的时候还推你一把的印度人；这里的印度人在看见你骑着马走过来的时候，他们会毕恭毕敬地收起雨伞，站在路边，然后自豪地向你行额手礼。骑着马的土著人在看见白人之后会下马站在一边，等到白人过去之后才上马；赶着牛车的土著人在看见白人之后会将车停在一边，让白人先过；但如果马路太窄，而白人的马车车箱较宽的话，就会产生交通问题，这种问题是通过土著人将牛车拉到马路外面的简单方法解决的。在那些高于地面、两边下方都是稻田，并且路堤很陡的马路上发生交通堵塞的情况下——这种情况经常会发生，就会产生灾难性的后果。在这种情况下，几乎可以肯定的是，土著人会将其牛车从路堤上拉进泥泞的稻田中。他们不得不卸下牛车上的东西，通过使劲拧牛尾巴的方法将牛车赶上马路，然后再重新将东西装上车。不管这会给土著人带来多大的不便，保持白人的尊严是最重要的。

在 19 世纪末，印度的茶叶产量已经接近 2 亿磅，其中 80% 被出口到英国。在整个印度有超过 200 平方公里的茶园，其中 800 平方公里在阿萨姆，530 平方公里在卡夏尔和锡尔赫特，530 平方公里在孟加拉。在旁遮普、西北部地区以及南方的马德拉斯、特拉文科尔和科钦等邦也有小片的茶园。几乎所有这些茶树都是在短短的 40 年的时间内种植的 —— 但印度人为此付出了沉重的代价。

第五章

维多利亚时代的产业：锡兰

杰拉比·叮当爵士和喷嚏将军，

他们各有一个儿子在锡兰；

如果你愿意，我可为你提供 5 000 英镑资金，

你可以在那里赚到大钱。

告诉我，你去还是不去？

——汉密尔顿和法森，《锡兰景象》，1881 年

在 19 世纪末，对于印度茶叶来说，最大的竞争不是来自中国，而是锡兰。为了了解锡兰茶叶的发展历史，我们必须首先回顾咖啡在锡兰发展的历史，因为锡兰的产茶业是在咖啡业的废墟上建立起来的。

锡兰——它于 1972 年改名为斯里兰卡——是离印度东南海岸 32 公里的一个很大的热带岛屿。它的形状看上去就像一滴茶水，南北跨度为 434 公里，东西跨度为 225 公里。这个国家的大部分地区为低地，但是位于中央地区的山峰超过 2 400 米。岛上的大多数居民是最初来自印度的移民后代——来自印度北部的僧伽罗人（Sinhalese）和来自印度南部的泰米尔（Tamil）人。他们很可能是在公元前 1 世纪的时候开始往岛上移民的。

这个海岛的主要降水来自西南季风，它为西南沿海平原和中央

　　　　茶：嗜好、开拓和帝国

山区带来充沛的雨水。季风到达中央山区之后基本上已经耗尽了能量，因此在这个岛屿的其他地区——北部和东部——降水量很少。这些地区因而被称为干燥地区。（这些地区能够得到由东北季风带来的一些雨水，但是远没有西部地区充沛。）西部地区是最适合种植园作物生长的地区，那里土地非常肥沃，年降水量达 250 厘米，在有些地区超过 500 厘米。

锡兰以盛产香料——尤其是肉桂——而著名。早在公元 1 世纪，阿拉伯和中国的商人就漂洋过海来到这个岛上购买香料、宝石、珍珠和大象。锡兰不可避免地引起了开通东西方航道的葡萄牙人的注意，他们于 1505 年首次登上这个海岛。不久之后他们就在西海岸建立了设防的贸易站，并于 1619 年吞并了原本由泰米尔人控制的北部重镇贾夫纳。但是葡萄牙人在征服南方的僧伽罗人的时候就没有那么顺利了，他们遭到了康提国王的抵抗。

荷兰人于 1602 年建立了联合东印度公司。就像不列颠东印度公司一样，这个公司有权在殖民地建立军队，修筑要塞，任命总督和法官，并签订条约。荷兰东印度公司最初只对锡兰的肉桂真正感兴趣，它于 1636 年应康提国王的邀请来到锡兰中部地区商谈肉桂贸易，并答应帮助当地人抗击葡萄牙人。虽然在条约中荷兰人承认康提国王对锡兰的大多数地区拥有主权，但是他们获得了与锡兰进行海外贸易的专有权利，这使他们从经济上控制了这个国家。

荷兰人于 1644 年出卖了康提国王，他们与葡萄牙人签订了停战协议，并与之结成了反康提王国联盟。然而由于僧伽罗人太强大了，荷兰人于 1649 年不得不再次与他们结成反葡萄牙联盟。荷兰人最终于 1656 年在科伦坡击败了葡萄牙人，从而成为锡兰的经济统治者。

荷兰人通过联合东印度公司控制锡兰达 140 年之久。由于锡兰是世界上唯一的一个生产高品质肉桂的国家，因此荷兰人通过对肉桂贸易的垄断获取了巨大的利益。对这种垄断贸易的任何干涉行为——无论是走私肉桂或肉桂油，还是仅仅损坏肉桂树——都会被处以死刑。出口肉桂和其他一些奢侈品是荷兰东印度公司的主要目标。如果必要的话，他们会使用军队来捍卫这些特权。但是除此之外，他们仅仅满足于这一小块领地。

在18世纪，英国人巩固了他们在印度的力量，并且扩大了海军。由于锡兰离印度非常近，因此英国人垂涎这个岛屿是迟早的事情。1782年英国人攻占了锡兰东部的重要港口亭可马里，但是这个港口很快又被法国人占领，并且在后来根据1784年的巴黎条约被交回到了荷兰人手中。

在欧洲发生的事件最终使英国人得到了他们盼望已久的机会。与英国交战的法国人入侵了荷兰的低地，在印度的英国人提出向在锡兰的荷兰人提供"保护"。没等荷兰人对此作出反应，他们就占领了亭可马里。然后英国人说服一些荷兰的雇佣军倒戈。他们还与康提国王签订条约，从而取代荷兰人成为这个王国的保护人，并取得了在这个国家的贸易特权。英国人于1796年从荷兰人手中接管了主要城市科伦坡，从而取代了他们在锡兰的地位。所有这些都是以总部在马德拉斯的不列颠东印度公司的名义进行的，而且成为锡兰新统治者的不是英国政府，而是东印度公司。

东印度公司在锡兰开展了贸易，但是由于担心随着欧洲局势的变化锡兰会被交回到荷兰人手中，因此并没有为巩固其在那里的地位而作出多大努力。1802年英国政府决定接管东印度公司在锡兰的领土，从而使其成为英国政府的殖民地。英国后来又以各种借口对康提王国发动战争，并于1815年完全控制了整个海岛。随后英国人表明了他们将在那里长期待下去的意图——他们建立了庞大的军队并且修建了用于快速运送这些部队的道路。

在荷兰人统治时期，锡兰主要处于生存经济状态，荷兰人仅仅出口这个岛国的自然资源。他们种植了一些肉桂树，用以补充他们在内地收获的野生肉桂；他们还种植了一些咖啡树，用以补充在那里原有的一些小片的咖啡树林。但是这些种植业规模都很小。而英国人则很快使锡兰从生存经济转变为种植经济。他们通过发展咖啡种植业很快就完成了这一转变。

咖啡树是一种热带常青灌木。人们种植的主要品种是原产于埃塞俄比亚的小果咖啡（coffea arabica）。人们种植的另一个咖啡品种是同样原产于非洲的粗壮咖啡（coffea robusta），但是种植的规模较小。在 18 世纪初，葡萄牙、西班牙、荷兰、法国和英国等殖民国家开始在它们的热带殖民地种植小果咖啡。巴西后来成为并且现在仍然是世界上最大的咖啡生产国。这种植物在气温为 29 摄氏度、年降水量为 100—150 厘米（这符合茶树生长的最低降水量要求）、高度为 1 200 米左右的条件下生长得最好。在种植三四年之后，咖啡树就会开出一簇簇气味芬芳的美丽白花，这些花会结出红色的浆果，在每个浆果中有两个种子，也就是"咖啡豆"。

通过一个简单的程序，人们将咖啡果放进搅拌机中除去其外皮，洗掉皮下面的浆状物质，然后将咖啡豆晒干或烘干。这一过程通常是在种植园中完成的。咖啡豆的脱壳过程在销售商的库房中完成。随后咖啡豆就可以烘烤、研磨了，而这一过程最好是在饮用咖啡之前进行。

荷兰人曾经在锡兰的沿海平原地区种植咖啡，但是这些地区的气候完全不适合咖啡的生长。最初的英国种植园主也犯了同样的错误——他们在南部沿海地区种植咖啡。而在锡兰中部的康提山区则具有咖啡生长的理想气候。在1823—1825年之间，总督和军事司令官在那里首次成功地种植了咖啡。包括首席大法官和审计署署长在内的许多其他政府高级官员也购买土地用于种植咖啡。（直到1845年有人提出有关利益冲突的担忧之后，这种购买土地的现象才被禁止。）咖啡在锡兰没有立即成为盈利的作物，因为它必须与西印度生产的、在出口到英国时享受特殊关税优惠的咖啡相竞争。1835年，锡兰生产的咖啡享受到了同样的优惠待遇，从而排除了在锡兰建立咖啡产业的障碍。

到了1835年，在康提周围的地区有16平方公里茂密的森林被开垦为咖啡种植园。有关在锡兰种植咖啡可以挣大钱的谣言传到了英国，人们开始炒卖锡兰的土地，从而导致了投机"泡沫"。所有未开垦的土地都被认为是英国王室的土地，任何想成为种植园主的人都可以购买。土著人的土地权被忽视，许多公共土地都被占用了。此外，居住在英国人所需要的土地上的整村庄的居民都被赶走——尽管这种做法是非法的。由于有很多政府的高官都卷入了土地炒作之中，因此这种行为几乎得不到任何控制。

几乎所有的新土地所有人都是小业主，主要是东印度公司的雇员或者前雇员、前军官或者冒充军官的人："从孔德拉到普瑟拉瓦之间的种植园主都是少校，甚至在普瑟拉瓦也到处都是少校。"一位种植园主说得更加直截了当："在过去一段时间内世界上所有的地痞流氓全部聚集到了这里……我们这里的种植园主多数都是人渣。"土地的价格从最初的1英镑4英亩上升到1英镑1英亩。政府出售的土地面积从1834年的337英亩上升到1841年的78 685英亩（318平方公里）。到了1845年，有150平方公里的土地种植了咖啡。

在 1847 年，英国发生的金融危机以及对爪哇和巴西进口咖啡的优惠导致了咖啡价格下降。锡兰的种植园主原先有关咖啡产业的利润的预期开始显得过于乐观了，那些为了倒卖而购买土地的人开始抛售，而银行也开始催要还款。许多种植园仅以其成本的一小部分的价格被出售了，而许多为种植咖啡而购买的土地则被放弃了。

这一衰退持续了三年。到了 1850 年，那些挺过来的种植园主开始扩大咖啡种植面积。到了 1869 年，咖啡种植面积达到了 710 平方公里，但是就在这一年灾难发生了。

在 1869 年年初，加鲁拉种植园的总监注意到在一些咖啡树叶子的背面出现了一层黄色粉末状的斑块，这些斑块很快就被确定为一种危险的真菌。专家建议他摘除并焚烧所有受到感染的叶子，但是他很快就发现，他的工人的工作速度无法赶上真菌蔓延的速度。不久整个种植园的咖啡树都感染了这种真菌。在五年之内，这种咖啡锈斑真菌就扩散到了锡兰的所有种植园。

这种真菌并不杀死咖啡树。受到感染的叶子会从这种常青灌木上掉落，有时整棵咖啡树的全部叶子都会掉落，但是咖啡树通常能够存活下来。然而这种病害会使咖啡树变得非常衰弱，从而大大降低咖啡产量。在这种病害到达锡兰（这种真菌很可能是由季风从非洲带过来的）后的 10 年中，锡兰种植园的咖啡豆的平均产量从原来的每英亩 500 磅下降到每英亩 200 磅。

最初种植园主们以为这种病害最终会消失。他们改变了修剪方法，为咖啡树增加了肥料，并尝试了无数其他的方法，但是都没有起作用。与此同时，受到世界咖啡价格上涨的刺激，他们继续扩大咖啡种植面积。他们在新开垦的地区种植咖啡，希望它们不会感染这种病害。到了 1880 年，锡兰总共有 1 100 平方公里咖啡园。

但是后来这些咖啡园很多都被放弃了，真菌病害已经使咖啡的产量小得失去了经济意义。1870 年，锡兰咖啡的出口量超过 1.1 亿磅，到了 1880 年减少到原来的一半；而到了 1890 年则减少到原来的十分之一。

锡兰的咖啡种植业的衰亡与茶叶种植业的兴起几乎是同步进行的。著名的茶叶和咖啡历史学家威廉·乌克尔斯（William Ukers）指出："已经死亡的咖啡树被摘除树叶，锯齐枝杈，然后出口到英国用来制作茶几的腿。"他描写的既是事实，也是一个很好的比喻。

茶树逐渐在锡兰站稳了脚跟。加尔各答的植物园于 1839 年将一些阿萨姆茶树的种子送到了位于锡兰康提附近的佩拉德尼亚皇家植物园，并于第二年又送去了一些茶树。

植物园是大英帝国的一个著名的特征，在大多数英国的殖民地都建有植物园。在克尤和爱丁堡的大植物园都鼓励这些殖民地建立自己的植物园，并且依靠它们获得标本和开展研究。在 1821 年建立的佩拉德尼亚皇家植物园也是一座供英国人散步的美丽花园。这个建在一条河流的转弯处的植物园被认为是世界上最美丽的热带花园，在河岸的两边排列着来自马六甲的巨大的竹子，植物园中有一条排列着大王椰子树的林荫大道，到处都是开着鲜花的树木。而在加尔各答等地的其他植物园——在早期从市区前往这些植物园非常困难——则纯粹是功能性的。所有植物园的主要目的都是寻找可以用于商业种植的植物。

来自加尔各答的一些茶树被种在了佩拉德尼亚植物园，另一些被种在首席大法官的种植园里。与此同时，一位名叫莫里斯·沃姆斯的咖啡种植园主于 1841 年访问了中国，并从那里带回了一些茶树苗。他将这些树苗种在了他的罗斯切尔德种植园——他之所以给自己的种植园起这么一个名字，是因为他与罗斯切尔德男爵有亲属关系。据说他还从中国带来了一名茶叶工人，并且以很大的成本制作了一些茶叶样品。他的一些茶树被移栽到了其他种植园中，但是在19世纪60年代之前，锡兰在茶树种植方面并没有取得多大进展。

早在咖啡种植业仍然非常成功的时候，一些锡兰的种植园主就开始探寻多样化种植的可能性了。试种的一种作物就是金鸡纳树，从这种树中可以提取用以预防疟疾的奎宁。（金鸡纳树的种植也有一段从兴盛到衰亡的历史。人们于1861年开始在锡兰种植金鸡纳树，到了1883年种植面积达到了260平方公里；19世纪80年代中期世界的奎宁价格急剧下跌，到了19世纪90年代，锡兰的大部分金鸡纳树种植园被放弃了。）种植园主们还尝试种植了肉豆蔻、丁香、香子兰、小豆蔻、棉花和可可。

1867年，种植园主协会派遣其成员之一——阿瑟·莫里斯（Arthur Morice）——前往印度的产茶地区考察。莫里斯提交了一份详细的报告，其结论是："在锡兰成功种植茶树的可能性很大。"但是这份报告总的来说没有对咖啡种植园主产生多大影响，当时他们正一心扑在利润很大的咖啡上，因而没有心思去对至少要在种植六年之后才能够获得收益的茶叶作长期投资。种植园主协会的总务委员会对莫里斯的报告采取了轻视的态度：

> 委员会还注意到了一些不重要的问题，其中包括本协会的专员阿瑟·莫里斯先生在本年度提交的有关印度产茶地区的报告。

然而皇家植物园的园长以及少数几个种植园主对这份报告产生了兴

趣。1867 年，他们用极快的速度从加尔各答订购并收到了一批茶树种子，并在同一年将其播种到了他们的种植园中。

　　最早在锡兰种植茶树的是卢勒康德拉种植园的总监詹姆士·泰勒（James Taylor）。他种了 8 公顷茶树，用于商业生产。泰勒出生在苏格兰金卡丁郡的一个叫做劳伦斯克尔克的小镇上，那个地方有很多年轻人去了锡兰。他通过一个经纪人在康提的一个咖啡种植园找到了一份助理总监的工作，合同期三年，年薪 100 英镑。他前往锡兰的旅费以及个人的装备从工资中支付。1852 年，当时只有 16 岁的泰勒来到锡兰的种植园，他在几个星期之后转到了附近的卢勒康德拉种植园，并且一直在那里工作到他于 1892 年去世（在去世前不久他因为

詹姆士·泰勒（右）和他的表弟

(1864 年摄于锡兰)

拒绝休病假而被解雇）。对他来说很幸运的是，这个种植园于 19 世纪 60 年代被一些热衷于多样化种植的种植园主接管了，他们首先鼓励泰勒种植金鸡纳树，然后又鼓励他种植茶树。

泰勒具有机械方面的天赋。他很快就掌握了加工茶叶的技术——他是从一位曾经在印度从事过茶叶工作的咖啡种植园主那里学到这一技术的。他在其住所的走廊上安装了卷茶设备和炭火炉，生产出了质量很好的茶叶，并在当地的市场上销售。他随后很快建立了正规的茶叶加工厂，并制造了用水轮驱动的卷茶机。到了 1875 年，在卢勒康德拉种植园已经有 40 公顷茶树了。

其他种植园主很快就纷纷效仿泰勒的做法。到了 1875 年，有几十个种植园都种植了茶树，茶园总面积达到了 4 平方公里。1875 年之后，茶树的种植速度开始加快。在咖啡种植园由于遭受真菌病害而荒废之后，所有的人都希望尽快扩大茶树的种植面积。但是这并不容易，到了 1880 年他们才种植了不到 40 平方公里的茶树。有些种植园主将茶树与咖啡树相间种植，他们仍然希望能够找到对付咖啡树真菌病害的方法。有些种植园甚至将咖啡树、金鸡纳树和茶树混合种植。

一些小的咖啡种植园为僧伽罗人所拥有，其中的一些也改为种植茶叶。一些富裕的印度帕西人也种植了一些茶叶。但是绝大多数茶叶种植园都为英国人所拥有。

茶树种植园之所以扩展缓慢，其主要的原因是咖啡种植业崩溃所带来的资金问题，另外还有缺乏相关技术和茶树种子的问题。

后来随着未经修剪的茶树幼苗逐渐成熟并开花结果，茶树种子变得越来越容易获得了。但是由于当时的抢购风潮，因此有许多人买到的是劣质茶树的种子，结果导致了很多低质量茶园的出现。在很多年之后种植园的经济状况才有所好转。1847 年锡兰银行倒闭之后，东方银行成为这个国家的主要银行。然而在 1884 年东方银行也倒闭了，这导致许多咖啡种植园被荒废。大约有四分之一的种植园经理离开锡兰，到别的地方碰运气去了。

尽管有这些问题，人们仍然继续在原来的咖啡种植园以及新开垦的土地上种植茶树。当时人们种植的主要有三种茶树：生长在西南沿海地区的相对少数种植园中的"低地茶"；生长在海拔 600 — 1 200 米的康提周围地区原先的咖啡种植园中的"中地茶"；以及生长在海拔 1 200 米的中央山区的"高地茶"。就像在印度一样，阿萨姆茶树更适合在低地种植，而中国茶树则更适合在高地种植。但是在这两者之间杂交的情况很普遍。到了 1885 年，在锡兰共有 400 平方公里的茶园，而到了 1900 年，茶叶种植面积增长到 1 550 平方公里。

在 20 年中种植 1 100 平方公里的茶树是一个了不起的成就，它需要大量的资金和劳力。

在其早期，锡兰的茶叶种植业的情况与印度非常不同。在印度，茶叶种植是由阿萨姆公司推动的。该公司最初对茶叶拥有完全的垄断地位，并且直到 19 世纪末和 20 世纪初仍然在该行业中占主导地位。阿萨姆公司是一个拥有众多投资者和 50 万英镑股份资金的有限责任公司，印度的其他茶叶种植园也是由大公司开发的，个体茶叶种植园主所起的作用很小。而锡兰的情况则完全不同，大多数早期的茶叶种植园都是由原先种植咖啡的小种植园主开发的。

其中有些种植园是由位于锡兰和英国的多名合伙人所拥有的，他们雇用总监或助理替他们经营这些种植园。只有少数几个大公司。在一个种植园破产之后，它可能会被银行接管，但是大金融机构对种

　　　　　　　茶：嗜好、开拓和帝国

植园的介入仅限于此。在 19 世纪最后的 15 年中，这种状况有了很大的改变。

当时最引人注目的新来者就是充满活力的营销商托马斯·立顿（Thomas Lipton）爵士。他于 1871 年在格拉斯哥开办了一个小食品杂货店，通过低价销售商品，然后就以向公众大加宣传的方法建立了四百多家连锁店。1889 年立顿开始在伦敦拍卖会上购买茶叶，然后通过他的连锁店和经纪人在一年之中就销售了 400 万磅茶叶。1890 年他的茶叶销售量达到了 600 万磅。那一年，他在前往澳大利亚的路上在锡兰停留了一段时间。

金融危机之后，锡兰有几个茶叶种植园出售。以"抛开中间人"为座右铭的立顿抓住这个机会将它们买了下来。虽然他的名字在欧洲和美国已经成为锡兰茶的同义词（在那里许多人认为他拥有锡兰的整个茶叶产业），但是实际上他只购买了 1.2 平方公里的茶园，也就是锡兰茶叶种植园的 15%。这些种植园所提供的茶叶只占立顿所销售的茶叶的一小部分。他的大部分茶叶都是从印度购买的。尽管如此，立顿对锡兰茶叶的大量广告宣传使这个国家成为举世闻名的地方，并且极大地刺激了人们对茶叶的需求量。

19 世纪 90 年代，许多茶叶种植园通过合并组成了一些新的茶叶公司，其中有些是在锡兰注册的，而有些则是在英国注册的。用于发展的资金或者是从亲友或生意伙伴那里，或者是通过公开招股的方式筹集的。但是这些资金大多数都来自愿意进行冒险投资的个人，而不是那些对锡兰种植园过去的失败记录感到担忧的金融机构。

正如在印度一样，在锡兰也出现了一些商业经纪公司。这些设在科伦坡的公司为种植园安排茶叶的储存、运送和销售。它们往往还会为不在本地的种植园主提供经营服务。这些"客座经纪人"成为茶叶生产行业的一支力量。每次他们到种植园去视察，都会受到那里的工作人员诚惶诚恐的接待。在伦敦还有另一批经纪机构，它们负责安排从锡兰进口的茶叶的销售和分配。在科伦坡和锡兰的这些机构中有许多都会对他们所服务的种植园进行投资。

19世纪末期的种植园主也与早期的种植园主有所不同。早期的茶叶种植园主原来都是种植咖啡的，并且大多数都属于劳动阶级。他们有的原来是园丁，有的则在军队中服过役。他们行为粗暴，那些单身的种植园主则更是如此。例如卢勒康德拉种植园的总监詹姆士·泰勒有一个怪癖，那就是他十分讨厌从瓶子里倒出来的第一杯啤酒，每次都将其泼在地上。因此在每次饮酒作乐之后，他家的地上到处都是泼洒的啤酒。在其职业生涯的最后阶段，他感到自己被新一代种植园主孤立了。有一位老一代种植园主写道：

> 我不知道新的社交方式是由女士们还是由咖啡锈斑病带来的，我只知道我们原来的简单的社交方式突然发生了许多变化。例如穿着正规的礼服赴宴等等，这些东西我们在60年代以前的丛林中从来也没有听说过。

种植园主们的确穿着正式的礼服赴宴。厄尼斯特·海克尔（Ernest Haeckel）教授讲述了他在19世纪80年代的一次经历：

> 我在日落时分到达了一个非常偏远的种植园。好客的主人非常明确地告诉我，他希望我在晚餐时穿黑色燕尾服，系白色领带。我对他表示由衷的歉意，并向他解释说，我这次前往山区旅游所带的轻便行李中不可能包括黑色晚礼服。但是主人为了表示对我的敬意还是穿上了晚礼服，而他的妻子以及另一个参加晚餐的人都穿着正式的服装出现在餐桌上。

"出身好"的年轻人到锡兰去做茶叶种植园主已经成为一种时尚。在去往锡兰的年轻人中，有些人的亲戚拥有茶叶种植园的股份，而另一些人则只是间接地认识某个在锡兰的人。汉密尔顿和法森（Hamilton and Fasson）在《沙克种植园》（*The Shuck Estate*）中对这些人进行了讽刺。在该书中，约翰·弗林斯比向他的二儿子提供了以下建议：

> 种植咖啡、茶叶或者甘蔗，
>
> 做这些不会影响你的自尊；
>
> 但是伦巴第大街①和该死的明辛街②，
>
> 这些地方我真的不能忍受！
>
> 杰拉比·叮当爵士和喷嚏将军，
>
> 他们各有一个儿子在锡兰；
>
> 如果你愿意，我可为你提供 5 000 英镑，
>
> 你可以在那里赚到大钱。
>
> 告诉我，你去还是不去？

到了 19 世纪末，随着道路状况的改善，新一代种植园主有了非常社会化的生活方式。他们在自己的种植园中修建了槌球草坪和网球场，建立了供其饮酒跳舞的俱乐部，并且还打板球、高尔夫和马球。白人妇女仍然很少，但是已不像以前那样少了。随着这些女人在产茶地区的分布，她们也带来了更为正式的社交礼仪。

---

① 伦巴第大街（Lombard Street）是伦敦的金融中心。——译者注

② 明辛街（Mincing Lane）是位于伦敦的殖民地商品批发交易的中心地。——译者注

大象是种植园生活的一个部分。最初种植园主只是为了娱乐和象牙而猎杀它们，后来他们将大象驯化后用于工作。

为了开垦土地，种植园主必须掌握狩猎的技巧。野猪的体重可达400磅，它们非常危险，并且会将新种植的植物连根掘起。种植园主们通常会用猎枪射杀或者用陷阱捕捉它们。小一些的动物，特别是老鼠和豪猪，也可能会对植物的幼苗造成损害。花豹会杀死种植园主饲养的禽类或狗。许多种植园主都饲养一群猎犬，用以捕杀野猪和黑鹿。黑鹿也称麋，有的体重可达600磅。在捕杀黑鹿时猎手必须身手敏捷，因为虽然猎狗可以咬住黑鹿，但是最终还是要由猎手用一把长刀将鹿杀死。有好几个种植园主就是在这一过程中被黑鹿顶死的。

但是早期的种植园主最喜欢捕杀的就是大象。英国人发现了一个有很多大象的岛屿，并开始在那里大肆捕杀。他们用枪射杀公象和母象——尽管与非洲大象不同，锡兰的母象不长象牙。只有60%的锡兰公象长有象牙，并且其中大多数象牙都很小，但是这并没有阻止英国的军人、政府官员和种植园主捕杀它们。当时最著名的猎象种植园主是托马斯·罗杰斯少校：

> 当他在六年前猎杀了第1 300头野兽之后，就不再记录自己猎杀的野兽的数量了。他的家里堆满了象牙。在他猎杀的动物中有60头长有象牙的大象。在他的走廊的每一道门上都立着巨大的象牙。在他的餐厅的每个角落都装饰着类似的战利品。

也许值得庆幸的是，罗杰斯少校的猎象生涯在他41岁的时候突然结

茶：嗜好、开拓和帝国

束了 —— 他被雷劈死了。

咖啡种植园主砍伐了丛林，将大部分树木烧掉，然后让剩下的树桩腐烂。而当茶叶种植园主开垦丛林的时候，他们通常会把树桩也挖掉 —— 因为这些树桩会影响密集种植，并且会助长根部真菌的生长。在这方面大象是不可多得的工具。另外大象在运送诸如茶叶加工设备等很重的物品以及修筑道路和桥梁方面也起着极为重要的作用。为了维持数量日益庞大的驯服大象的数量，必须定期组织捕猎野象的行动。

种植园主很喜欢参加捕象的行动，但是真正的捕象工作还是由专业的锡兰人从事的。有时一次捕象行动需要 1 000 人参加。为了抓捕野象，必须首先用粗大沉重的木桩和横梁建造一个围栏，这个围栏有一个有侧翼的入口，以使大象进入围栏，然后用沉重的横木杆封死入口。锡兰赶象人会在森林中找到一群大约有 50 头大象的象群，将其赶往围栏，这需要很高的技巧，并且可能需要数周的时间。一旦大象进入了围栏的侧翼，他们就通过敲鼓或者朝天开枪的方法使大象进入围栏里，然后再将入口封死。

野象通常是在驯象的帮助下被驯服的。驯象师将一头野象夹在两头驯象的中间，用绳子捆住，拴在围栏中，并为它提供水和食物。驯象会帮助驯象师使刚捕获的野象安静下来。在经过大约两个月之后，新象就可以被人骑了，然后还要经过四个月的训练才能够安全地用于工作。

由于锡兰的面积比较小，而且军队在占领这个国家之后很快就修建了一个由战略道路组成的网络，因此锡兰的交通问题没有像印度那么严重。尽管如此，在早期锡兰的交通还是非常慢，因为当时唯

一的交通工具就是牛车。人们首先要将咖啡通过极为原始的乡村道路运往康提，这些道路在雨季有时根本无法使用。在这些道路被改进之前，在这第一段路程中往往不能用牛车运输货物，而只能用牛背驮运。因此这一路程可能需要两周的时间。从康提到科伦坡的道路是1832年开通的，有140公里。如果天气好的话，牛车可以在四天内完成这段路程。在早期，将收获的作物从种植园运送到沿海港口的时间，可能要比将这些作物从科伦坡用船绕过好望角运送到英格兰（总共17 700公里的航程）所用的时间还要长。

1867年，从康提到科伦坡的铁路开通了。随后这条铁路又延伸到了种植园地区。当第一批茶叶种植园建成的时候，这条铁路已经修好。它大大地方便了茶叶和茶叶加工设备在沿海和产茶地区之间的运送。但是生产茶叶的劳工们就没有那么幸运了。

在咖啡种植的最初阶段，人们就意识到本地的劳动力是不够的。僧伽罗人虽然曾经帮助种植园主开垦过丛林，但是他们对种植园的工作没有什么兴趣。他们有自己的土地要耕种，并且正如当时的一个人所说："受人雇用对于当地人来说是一件伤害民族感情的事情，几乎被视为受奴役。听从他人的命令，做别人吩咐的事情，这对于他们来说是很伤自尊心的事情。"的确有一些僧伽罗人在种植园工作，但是他们只是总劳动力中极小的一部分。

咖啡采收是劳动力非常密集的工作，但是采收季节在一年中只占四五个月。因此对于大多数劳动力来说，咖啡种植园的工作是季节性的。一般而言，咖啡的收获季节与印度水稻的收获季节是相互错开的，因此劳工在印度南方收割完水稻之后就前往锡兰的种植园收获咖啡。

　　　　茶：嗜好、开拓和帝国

锡兰采茶工

（图片来源：《金尖》，1990年）

在早期，种植园主派自己的人去印度招工。后来工人们在熟悉旅行路线之后，就自己组织起来一起前往种植园。他们会推举其中的一位作为领头人，与种植园主协商报酬并在种植园中担任工头，为此他可以从每个工人那里得到一小笔报酬。后来又有了一种不同类型的工头，那就是种植园主的代理。

前往种植园的旅途极为艰难。泰米尔工人乘坐小船横渡 32 公里长的保克海峡来到锡兰西北部，然后步行前往种植园。"北部道路"——实际上只比羊肠小道稍微宽一点儿——穿越了锡兰的条件恶劣的丛林。在那里疟疾横行，很少有干净的饮用水。然后这条道路又穿过险峻的山区，通往种植园。

许多工头都非常吝啬，他们不愿意用种植园主给他们的钱为工人购买太多的食物，因此他们会无情地驱赶着工人在七八天之内赶到种植园。出于经济的考虑，这些工头会多带上几个工人，以弥补在路上的人员损失。在这 240 公里的步行路途上没有遮风避雨的场所，也没有任何医疗设施："道路上到处都躺着生病、濒死和已死的工人。"有些工头试图埋葬死去的基督教信徒，但是土地太坚硬了，无法挖掘很深的坟墓："结果豺狼挖开坟墓，啃食尸体。有时它们甚至将尸体拖出坟墓。因此你在那里到处可以看到散落的骷髅和白骨。"

更多的泰米尔人由于路途劳顿，加上不适应高山寒冷的气候而死在种植园中。无情的种植园主将那些由于太虚弱而无法工作的工人赶出种植园，任由他们死在路边。那些生存下来的劳工则居住在极为拥挤和不卫生的环境之中，许多人死于霍乱和其他疾病。

在锡兰的一些英国人对于泰米尔移民工人的待遇感到极为不安。政府和种植园主在谁应该对缺乏医疗设施以及谁应该为相关的改进买单等问题上相互指责、争吵不休。当地的报纸在 1849 年就自从 1841 年以来苦力死亡的人数展开了激烈的辩论，并且在那以后又就这个问题开展过很多次辩论。我们无法获得从未经登记的港口进入或离开锡兰的苦力的精确统计数据，但是这些人的数量应该不是很大。已有的统计数据显示，在上述时间内有 27.2 万名苦力来到锡兰，但是只有 13.3 万名苦力离开这个国家，另外最多只有 5 万名苦力留在种植园中工作。因此各方面都能够接受的计算结果为：至少有 7 万名苦力死在了锡兰。

在 19 世纪下半叶印度南方发生了多次饥荒，这迫使那里的许多居民冒险来到锡兰的种植园。1854 年的饥荒所造成的死亡人数相对较少，但是却导致很多人营养不良。另外还有大批在印度农村地区必不可少的牛在饥荒中死亡 —— 有些地方损失了牛总数的三分之一，而在另一些地方损失了五分之四。1865 — 1866 年发生在马德拉斯地区的饥荒则要严重得多，它导致了至少 45 万印度人死亡。这些饥荒促使许多印度人移民到锡兰，而从中受益的是锡兰的咖啡种植园主。

随后在印度发生的更大规模的灾难又为茶叶种植园主带来了更多的劳动力。在一开始首先出现了一系列在政府报告中被委婉地称为"匮乏"的现象，即由农作物部分歉收所导致的大规模饥荒，但死亡人数并不多。在 1876 — 1878 年之间马德拉斯地区出现了大饥荒，这次饥荒造成了毁灭性的后果，当地人民用了很多年才恢复过来。这个国家的农业依赖每年年中的西南季风和下半年的东北季风所带来的降雨，在 1876 年两个季风都没有到来。在有些地区当年的降雨量只有往年的十分之一。1877 年天气异常炎热，"太阳将原本已经干透的土地完全烤焦了"。那年西南季风又没有到来。下半年的季风结束了旱情，但是到了那个时候已经有 100 万人离开了他们的土地并获得了政府通过赈灾计划所发放的粮食。他们是幸运的，因为至少有350万印度人死于饥荒。

印度南部的这些严酷的生存条件迫使许多印度人前往锡兰的茶叶种植园谋生。在 1877 年的饥荒时期，16.7 万名印度南方的泰米尔人——包括男人、女人和儿童——前往锡兰的种植园。虽然在当年有 8.8 万名泰米尔人回到了印度，但是锡兰的种植园的劳动力还是净增了 8.7 万人。在 1889 年之前没有有关乘船来到科伦坡的印度人的可靠统计数据。但是很明显，直到 19 世纪末，绝大多数苦力都是乘坐小船渡过保克海峡，然后再沿着臭名昭著的"北部道路"来到种植园的。后来他们中的许多人又沿着同样的路线回到印度。在有些年份，回到印度的泰米尔人要多于来到锡兰的泰米尔人。然而在大多数年份中，来到锡兰的人要多于离开的人，因此种植园的劳工数量迅速增长，并在 1900 年达到了 33.7 万人，其中大多数都是印度的泰米尔人。

在 1855 年之后，政府曾为改善"北部道路"的状况而作出过一些努力。随着咖啡种植被茶叶种植所取代，泰米尔移民的命运有所好转。到了 1880 年，政府在沿途修建了医院、药房、庇护所和水井。那些由于生病而无法继续行走的苦力被定期巡逻队救起并送往医院。这些改进措施大大减少了沿途的劳工死亡率，但是在沿此路线旅行的劳工中仍然不时会暴发致命的霍乱、鼠疫和天花。要想有效地控制这些疾病，就必须在劳工到达锡兰的时候对他们采取检疫措施，而政府直到世纪末才采取这些措施。在此之前，冷酷无情的政府当局有意利用这段旅程淘汰那些患病的劳工，这导致这条道路沿途的许多村庄的锡兰人都受到了感染，结果这些地区变成了无人区。

1890 年，在印度南部和锡兰之间开辟了新的蒸汽轮船航线，从理论上说，这使得"北部道路"失去了必要。但是许多劳工仍然使

茶：嗜好、开拓和帝国

用旧的旅行路线，他们之所以这么做，或者是出于习惯，或者是因为买不起轮船船票。种植园主，尤其是北部高地的种植园主，也非常希望保持"北部道路"的开通。然而在1897年印度南方暴发了严重的鼠疫，为了防止这种疾病的蔓延，锡兰总督对通往科伦坡的路线实行了严格的控制，并关闭了"北部道路"。这条道路从此以后再也没有重新开放。

在锡兰的种植园中，印度南方泰米尔人的雇用条件与印度或其他雇用印度劳工的国家种植园中的雇用条件完全不同。去往锡兰的劳工是"自由的"，也就是说，他们不受长期劳工合同的束缚。他们是按星期或者月份雇用的。虽然他们只有在雇用期满之后才能够得到报酬，但是他们随时都可以离开。由于锡兰离印度南部很近，因此印度政府并不对移民进行规制，但是它拒绝锡兰的种植园主在印度更远的地方招工。

茶叶种植园主沿用了咖啡种植园主建立起来的一套使用康加尼招工的制度。这些康加尼往往来自招工地区的小村庄中，种植园主给他们预付一笔钱，用于支付带领劳工前往种植园的旅费。这样康加尼和他的手下就欠着种植园主的债，直到他们完成其工作。虽然锡兰的苦力是"自由"的，但是他们必须支付自己的旅费和招聘费用，因此他们从一开始就欠下了债。许多人发现自己很难还清这笔债，这实际上使他们受到了康加尼的束缚。偶尔有些泰米尔人为了逃避这一债务而回到印度，但是这种情况越来越少。这对于种植园主来说是好事，因为茶叶不是季节性作物，他们需要长期的劳动力。为了加强对劳工的控制，茶叶种植园主很乐于向工人预先支付现金，以补贴其微薄的工资。种植园主还经常拖欠工人工资 —— 一般会拖欠两个月 —— 以使苦力留在种植园。

康加尼以私吞大部分预付费而闻名。前往种植园的苦力任凭他们宰割，因为他们有权决定谁能够受到种植园主雇用。在康加尼之间往往会形成一个等级关系。种植园主与一个大康加尼打交道，而这个大康加尼在招工地区的各个村庄中又雇用几个小康加尼。在劳工到达种植园之后，这些康加尼继续监督其工作。种植园主与其劳工之间的所有事务都通过康加尼处理，这种管理职能使康加尼对其手下的劳工拥有更多的权力。可以看出，这一制度给了康加尼很多滥用其权力的机会，而事实上康加尼们的确不断地滥用这种权力，从而给种植园主和苦力都造成了很大的损害。1904年种植园主成立了他们自己的劳工委员会来监督这种制度。尽管如此，在许多种植园中，旧的康加尼制度继续存在了很多年。

虽然在锡兰的茶叶种植园的工资很低，但还是要比在印度高一点儿。在19世纪70年代，茶叶种植园中的工资还比较高；但是在19世纪80年代，随着茶叶价格下跌，工人的工资也随之降低了。而在随后的几年中，苦力的工资相对于生活费用来说进一步降低了。

种植园主以固定的价格向苦力提供大米，这使种植园主在粮食短缺和涨价时得以免受涨工资的压力 —— 他们担心工资一旦上涨就会成为永久性的。虽然种植园主喜欢吹嘘他们在粮食涨价的年份按照固定价格提供粮食的做法是如何慷慨，但实际上他们在粮食价格下降的年份按照固定价格提供粮食是可以盈利的，而他们所获得的利润远远高于在粮食涨价的年份所遭受的暂时亏损。种植园主还非常奇怪地向苦力提供洗衣和理发的服务，然后从其工资中扣除这些费用。在19世纪的最后20年中，除大米之外的粮食的价格上涨了50%，而种植园苦力的工资却一直没有变化。许多苦力发现自己只有借越来越多的钱才能够维持生计，而这又使他们受到其康加尼的进一步束缚。

种植园中的住宿条件极为简陋。从早期就开始在锡兰种植咖啡的威廉·萨博纳蒂埃尔（William Sabonadière）在其于 1866 年出版的《一位锡兰咖啡种植园主的生活》（*The Coffee Planter in Ceylon*）一书中写道："惩罚苦力的最好的办法是停止支付其工资，或者扣除其一两天的工资。失去工资对他们造成的痛苦远远超过肉体惩罚——我个人认为体罚苦力是不明智的做法。"根据当时的标准，他很可能算是一位相当开明的种植园主了。他还为他的苦力提供医疗设施，因此我们可以推测，他为苦力提供的住宿条件在当时应该比大多数种植园中的都要好："长宽各 12 英尺（3.6 米）的房间已经足够大了，可以住 10 名苦力。他们并不介意这样一个可以忍受的拥挤的居住条件。"在 1900 年情况稍微有所改善，当时亨利·凯夫（Henry Cave）在《金尖》（*Golden Tips*）一书中写道：

> 苦力的宿舍是一排很长的被分割成许多房间的平房。每个房间住大约四个苦力。很显然他们不能享有很多的居住空间，但是他们有关舒适的想法与我们的不同：他们更喜欢在狭小房间的泥土地面上挤在一起睡觉，而不愿意居住在更好的公寓中。

这些苦力的宿舍往往没有卫生设施。政府由于担心高死亡率而任命了卫生检查员，然而这些医生的处境非常微妙。因为在偏远的种植园中，他们通常与种植园的经理们住在一起，这使他们感到很难作出批评性的报告，尽管如此，还是有一两位检查员说了实话。这导致媒体一片哗然，结果政府中止了这样的试验性措施。

在锡兰种植园中对苦力的体罚远没有在阿萨姆那样野蛮，但是殴打苦力的现象仍然非常普遍——尽管有像萨博纳蒂埃尔这样的一

锡兰采茶工在茶叶加工厂外筛选茶叶

（图片来源：《金尖》，1990年）

茶：嗜好、开拓和帝国

些种植园主反对这种做法。卢勒康德拉种植园的总监詹姆士·泰勒在1852年写道，种植园主乔治·普莱德将一名苦力暴打了一个半小时。1900年亨利·凯夫在参观了锡兰的很多茶叶种植园后写道：懒惰的苦力"会受到扣除一半工资的惩罚，并且在许多情况下会遭到康加尼的一顿棍棒"。

种植园中的工作非常艰苦。苦力们必须整天不停地干活，没有任何休息，甚至没有午餐的时间。种植园主担心，如果他们允许工人在中午休息，他们下午就不会回去干活了。也许由于苦力的身体状况普遍很差，这种情况的确发生过。不管是出于什么原因，对于那些干体力活的人来说，这种工作方式极为艰苦。这些苦力通常从早上6点钟一直工作到下午4点钟，中间没有休息或食物。一位多年在种植园对劳工进行体检的医生写道：

> 每10位劳工中就有9位每天在中间不补充食物的情况下工作9个小时……我认为，在没有补充食物的情况下长时间工作——也许长达10到11个小时——使许多来自印度的苦力无法成为强壮的劳工。我认为这种工作方式对于那些来到这里的时候原本身体就不强壮的苦力来说是非常有害的。

为了抵御饥饿，苦力们通常会在前往地里干活之前吃很多东西。由于他们开始工作的时间很早，因此他们的早餐往往是前一天晚上准备好的冷米饭——这对于在寒冷的早晨工作的人来说不是一个好的开始。尤其在地势较高的种植园中，早上的气温通常在10摄氏度左右，而且茶树叶子上还挂满了露水。有时还会刮风或下雨。来自炎热的印度南部平原，原本身体状况就不是很好的泰米尔人很难适应这种工作条件。如果他们能够穿得暖和一点儿的话，情况也许会好一点

锡兰采茶童工

(图片来源:《金尖》, 1900 年)

儿。但是他们往往只有一条用粗糙的棉布做成的堪布勒绒毯可以用来
遮体。绒毯在早上很快就被露水浸湿了,而大多数苦力都买得起一条
这样的绒毯。许多苦力死于支气管炎或肺炎。儿童在 5 岁的时候就要
下地干活,他们每天只能挣几分钱——大约是成年人工资的三分之
一。那些衣不遮体地站在寒冷的冬天里的童工的照片让人看了心碎。

就像在印度的茶叶种植园中一样,如果苦力有足够的钱的话,
他们可以购买军用大衣。威廉·斯金(William Skeen)在 1868 年
写道:

> 他们有些披着堪布勒绒毯,有些穿着猩红色的紧身短上衣,
> 有些穿着蓝色的军服,这些旧军服穿在这些肤色黝黑、光着双腿

　　　　　　茶:嗜好、开拓和帝国

的工人身上显得十分古怪。

政府对于这种未经许可使用军服的行为感到非常气愤，并于1896年宣布这种穿着为非法，但是在此之后的好几十年中，这一法律都没有得到遵守。

到了1900年，在锡兰共有1 550平方公里的茶叶种植园，每年生产1.5亿磅用于出口的茶叶——主要是出口到英国。这使得锡兰这个相对很小的国家拥有了几乎像印度一样大的茶叶产业。锡兰几乎所有的茶树都是在20年之间种植的，这是一个了不起的成就。另外考虑到这一巨大产业的资金主要来源不是大公司，而是个人和小的合伙，这就使得这一成就更加了不起了。

但是所有的体力劳动都是由印度南部的泰米尔人完成的，他们为此付出了生命和辛劳的汗水。可以说，虽然这些泰米尔人受到了剥削，但是他们在锡兰的境况很可能要比留在遭受饥荒的印度好得多——这也是他们要背井离乡来到锡兰的原因。另外，锡兰的种植园主对待劳工的态度要比阿萨姆的种植园主好得多。尽管如此，令人感到悲哀的是，仍然有如此之多的英国种植园主对他们的劳工显示出如此冷漠的态度，并且——除非出于自身利益的绝对必要——在改善这些劳工的境遇方面作出了如此少的努力。这些种植园主就像在锡兰的其他英国人一样，将这些印度苦力仅仅视为非常幸运地逃离了更为悲惨的命运的廉价劳动力。亨利·凯夫的以下这段话总结了英国人的态度：

与其英国主人相比，在锡兰的泰米尔苦力在智力和教养方面
也许是令人震惊的野蛮人，但是考虑到其种族和机会方面的因
素，他们绝不是一些悲惨或可鄙的人。

当地的僧伽罗人对如此多外地苦力的到来十分憎恨。在 1900 年
有 30 万印度泰米尔人在锡兰的种植园中工作，而锡兰的总人口则不
到 400 万。另外，虽然最初到锡兰的咖啡种植园工作的泰米尔人是迁
移劳工，在作物收获之后就回到他们在印度的家中，但是许多茶叶种
植园的工人后来成为永久性移民。这将在 20 世纪引发对锡兰和泰米
尔都产生深远影响的问题。

第六章

新的帝国

把它们堆得高高的，然后以便宜的价格将它们卖掉。

——特易购（TESCO）超市创始人约翰·科钦

对于英国人来说，20 世纪分为截然不同的两个部分。在 20 世纪上半叶，他们的帝国发展成为一个横跨整个世界的巨大的商业企业，并从世界各地向英国进献贡品。在 20 世纪中期，一场巨大的战争使英国人财源枯竭，他们失去了其帝国的大部分领土以及支撑这一帝国的制造业。美国人继承了他们的帝国衣钵。在 20 世纪下半叶，英国重新成为贸易国家，但是这次他们从事的是全球性贸易。

印度的茶叶产量在 20 世纪初达到了将近 2 亿磅，而在 1947 年独立时达到了 5.6 亿磅。在同一时期锡兰的茶叶产量也翻了一番。茶叶产量之所以能够获得如此巨大的增长，部分原因在于种植面积的扩大，但是更主要的原因是农业技术的改进。

英国人在拥有茶叶种植园的早期就开始使用肥料了。事实上，中国人早在几个世纪以前就使用人粪尿对茶树施肥了。然而，虽然人粪尿对茶树生长有利，并且可以大大提高茶叶的产量，但是它非常不卫生，并且会通过劳工迅速传播疾病。一种更好的选择是动物粪便。在 19 世纪许多种植园使用牛粪施肥，至今这种肥料仍然在使用。化肥的使用也有相当长的历史了。1885 年出版的《茶叶种植园主袖珍指南》(*The Tea Planter's Vade Mecum*) 倡导种植园主使用硫酸铵和硝酸铵，并且建议将这些化肥与动物粪便、木灰和骨粉混合使用。

印度茶叶协会于 1900 年任命了第一位科学官员，并于 1912 年在阿萨姆的托克莱建立了一个著名的研究站。1925 年锡兰成立了茶叶研究所。这两个中心在科学种茶方面开展了很多研究。大量使用化肥，尤其是含氮化肥，成为一种常规的做法。茶树的更加密集的种植（茶树之间的间距通常为 1.2 × 1.2 米）、对种树的更好的选择、茶树修剪技术的改进和病虫害的防治，都有助于提高产量。许多茶叶种植园的产量从每英亩 100 — 200 磅提高到每英亩 500 — 600 磅。锡兰于 1884 年首次创造了每英亩 1 000 磅的奇迹，然而这只是一个例外，如此高的产量在 20 世纪前并不常见。当 20 世纪 40 年代印度和锡兰取得独立的时候，那里的茶叶产量通常为每英亩 1 500 磅成品茶。

在英国统治的末期，种植园工人的境遇有了明显的改善。英国社会变得越来越开明，而这一变化也反映到种植园经营人员的态度上。另外苦力们也变得越来越坚定自信了，在阿萨姆尤其如此。而在 20 世纪初，在那里的劳工的待遇仍然极为糟糕。

在 19 世纪末，阿萨姆的苦力受到了亨利·科顿以及印度的中产阶级中某些直言不讳的人士的激励。阿萨姆不再是一个与世隔绝的独立王国。在阿萨姆境内交通状况的改善有助于分散在各地的种植园中的工人相互传播消息。变得越来越自觉的苦力们开始采取行动，在条件最糟糕的一些种植园中发生了一系列暴动。一个种植园经理的房子被烧毁，他本人也可能受到了攻击。但是这种情况只有在种植园的管理人员做得太过分的时候才会发生。正如一位印度的种植园主所指出的：

> 一个茶叶种植园就像一座小镇，里面有一排排拥挤的工人宿舍和经营管理人员所住的气派的大房子。没有经理的允许，包括警察在内的任何人都不准进入这一王国。种植园经理可以任意攻击和侮辱工人，强迫一个又一个女工做他的情妇，而没有人敢于对他的行为或权威提出挑战。苦力们只有在对经理的残暴行为实在忍无可忍的时候才会奋起反抗。

在种植园中有每周一次的集市，周边的村民会带着农产品到集市上去卖给苦力。种植园主对于集市上能够卖什么，谁能够进入种植园卖东西，甚至谁能够进入种植园看望亲戚朋友，都实行严格的控制。1920 年圣雄甘地发起了印度国大党的不合作运动，这包括抵制英国的棉花和其他制品 —— 而这些商品在种植园的市场上却销路很好。种植园主们自然竭力反对抵制运动，并且拒绝允许国大党的工人进入其土地。作为对此态度的反应，国大党在种植园周边设立了替代市场。这些市场通常很快就被政府关闭了。尽管如此，苦力们通过与国大党的自愿者之间的互动获得了支持。

1914 — 1918 年的世界大战使得茶叶的价格上涨的茶叶公司从中获取了巨大的利益，并且宣布分配巨额的红利。但是战争也使得茶叶种植园的工人的生活必需品的价格上涨，然而他们的工资却仍然保持在极低的水平。在 20 世纪 20 年代早期，在印度的种植园中经常发生零星的要求更多报酬和更好的工作、生活条件的罢工。

另一个明显不公的刑事审判使茶叶种植园的管理方和苦力之间的关系进一步恶化。科里奥茶叶种植园的园主想要让一位苦力女孩做他的情妇，在遭到那个女孩的拒绝之后枪杀了她的父亲。这个种植园主在一个低级法院被判定无罪，但是高等法院命令对该案进行重审。一个主要由英国人组成的陪审团又一次判定他无罪，这导致了科里奥种植园和其他种植园的苦力罢工。

然而最声势浩大的一次劳工退出种植园的行动发生在锡尔赫特。在多次罢工未能改善工资待遇之后，大约 8 000 名工人离开了种植园，以响应甘地提出的"回归村庄，过简朴生活"的号召。他们变卖了大多数随身物品，试图乘坐火车回到其故乡。他们买不起火车票，而政府拒绝提供帮助，因为它担心这会导致更多的种植园工人出走。这些苦力遭到警察的骚扰，并且因感染流行病而变得十分虚弱。最终国大党和一些其他组织为他们筹集到了路费，他们中的大多数人回到了自己的家乡。

虽然契约劳工制度于 1926 年完全被废除，但是在一些种植园中试图离开的劳工仍然受到残酷的对待。印度劳工皇家委员会于 1931 年公布的报告记录了很多此类事件 —— 尽管在调查的过程中证人必须在他们的管理人员面前作证。许多其他工人则屈服于种植园主的非法暴力。正如一位工人所说："许多人都逃跑了，但是我因为害怕受到鞭打而没有逃跑。他们会把我打得皮开肉绽。"

在 20 世纪 20 年代末，阿萨姆的茶叶种植园的工人开始组织工会。英国工会大会派遣了一个代表团前往印度进行调查和指导，印度全国工会大会也派遣了一位组织者前往阿萨姆，但是他却遭到逮捕和监禁。尽管如此，阿萨姆工会还是组织了几次闪电罢工，迫使种植园主增加了工资。

在此后的 10 年中，由于茶叶价格上涨，种植园的工人和管理方的矛盾有所缓解。到了 1930 年，种植园的工人的工资比 1920 年增长了一倍。其他针对虐待的罢工使种植园主的残暴行为有所收敛。从 1930 年起，阿萨姆的苦力开始有组织地为生存工资和遏制严重的虐待行为而斗争了。阿萨姆的种植园的条件已经不比印度其他地方的种植园差了。考虑到印度大部分地区的贫困状态，在英国统治结束的时候，茶叶种植园工人的生活条件已经好于许多其他行业的工人了。

在印度独立之后，印度茶叶种植园的管理方和工人之间的关系一直很糟糕，这主要是由于世界茶叶价格低迷所导致的低工资所造成的。工人的简陋的宿舍与管理人员的像宫殿一样的豪宅（这些豪宅往往是英国种植园主所留下的）之间的强烈反差，象征着在工人和管理人员之间存在的巨大鸿沟，并使双方的对立得以长期存在。从那时起直到今天，在锡兰和印度的种植园中零星的罢工和暴乱仍然不断发生。

有着如此惨痛的历史背景的阿萨姆仍然是问题最严重的地区。例如在 2000 年，在印度塔塔集团所拥有的那哈卡提亚种植园中，保安人员向一群抗议的工人开枪并打死了其中的一名工人。2001 年，在印度博拉集团所拥有的陶科克种植园中，一群工人到总经理那里去抗议保安人员殴打其中一名工人，在交涉的过程中，局势失去了控制，这位总经理掏出转轮手枪，打死了包括一名妇女在内的四名工人，而他本人随后也被工人打死。

　　考虑到当下茶叶的价格，如今许多茶叶种植园主都试图在可能的范围内公平地对待他们的工人。2001 年 12 月，我参观了位于印度南方尼尔吉里丘陵的一个印度人拥有的大茶叶种植园 —— 查姆拉吉种植园。1923 年，当时在印度南方拥有棉花加工厂、咖啡种植园和工程公司的罗伯特·斯坦斯爵士购买了这块土地，将其开发成为一个生意兴隆的种植园。1960 年斯坦斯家族将他们拥有的股权卖给了印度南方最大的实业家 S·阿纳萨拉马克利希南先生的企业联合集团。这一种植园有 8 平方公里的茶园。

　　在查姆拉吉种植园中，就像几乎所有的茶叶种植园中一样，工人的工资非常低。在 1971 年的工资争端中，有数名种植园经理遭到好斗的工人的殴打。在 2001 年，妇女采茶工的基本工资仅为每天 1 英镑多一点儿，虽然她们在主要的采茶季节有可能挣得更多一点儿。她们的工资受到普通茶叶价格下跌的威胁，这些茶叶的价格从 1989 年的每磅 50 便士下降到 2001 年的每磅 30 便士。这个种植园开始种植为小众市场提供的绿色、有机和无咖啡因茶叶。它还利用其地势较高的优势 —— 海拔在 6 500 米以上 —— 生产经过精心采摘和加工的"大吉岭类型"的茶叶。

　　在参观的过程中我看到了常见的狭小、简陋的工人宿舍，然后我又在种植园经理巨大而又装饰华丽的住宅中吃了午餐。在这所住宅的周围环绕着青翠的草坪，而草坪的周围则种着开满蓝色花朵的紫葳树。这一切都是我意料之中的。这里的情况与我在 30 年前担任种植园经理时的情况并没有太大的不同。

　　但是这个种植园的福利设施却令我感到非常意外。在一个种植

　　　　　　茶：嗜好、开拓和帝国

园群体的支持下，建立了四所小学、两所中学以及两所供较远地区种植园中的孩子住宿的旅舍。学校中的设施很完备，其中还有很好的计算机设备。在那些学校中总共有 1 300 名学生。给我留下更为深刻印象的是种植园的医院。该医院中有合格的医生和护士、X 光设备、超声波设备，以及为客座外科医生准备的设备完善的手术室。医院为种植园的工人免费看病，而对周边地区的非种植园工人的病人——医院每年收治 2 500 名这样的病人——也只收取名义上的 1 卢比（相当于 1.5 便士）的费用。公司还实施了退休金制度。这些慈善行为不仅大大改善了工人的生活，而且也给公司带来了利益，它所生产的"公平贸易"茶叶可以以高于标准价格的价格出售。

在 20 世纪初大英帝国是世界上最大的产茶国，英国的公司控制了世界的茶叶贸易。这些维多利亚产业所产生的财富源源不断地流回到这个小岛国中。

英国的茶叶消费量不断增加。在茶叶几乎全部从中国进口的 1851 年，英国的人均茶叶消费量不到两磅；而到了 1901 年，受到从英帝国的各殖民地进口的廉价茶叶的影响，英国的人均茶叶消费量超过了 6 磅，并且还在不断增长。在这 50 年中，英国人口的增长进一步增加了茶叶的需求量，因此茶叶的总消费量达到了 2.59 亿磅。印度和锡兰所生产的茶叶不仅可以满足这一需求，而且还有 1 亿磅出售到其他国家。

无论是在家里还是在家外，茶叶都已成为英国人生活方式的一部分。19 世纪中叶的禁酒运动对饮茶起到了很大的推动作用，在全国各地的数千个禁酒集会上，与会者都用饮茶来表明自己反对饮酒的态度。在禁酒杂志上有关这些集会的报道都会提到饮茶。1950年1月21日，伊斯林顿联合禁酒协会开始了一系列活动，"以饮茶节和公共集会的形式促进我们光荣的事业"。一个星期之后，圣安年轻男子协会在索霍"举行了第一个饮茶节和公共集会"。很显然，这些活动起到了振奋精神的作用，因为"在喝完茶之后，一些会员唱起了《马赛曲》"。（甚至在加尔各答也成立了一个饮茶俱乐部。至于它是否为禁酒运动的一部分，这一点值得怀疑——它于1819年成立的时候制定了一条规则："将饮料泼洒在桌子上或将热饮料泼洒在临座裤裆上的成员将被处以两个安娜的罚款。"）

曾在18世纪早期为普及饮茶作出巨大贡献的大游乐园在19世纪已经全部被关闭了。沃克斯霍尔花园最终也于1859年关闭。然而为那些不喜欢去酒吧和酒馆的顾客开设的咖啡馆大多数都提供茶水。在19世纪80年代，随着茶室的出现，茶逐渐取代了咖啡。

据传最早的茶室是加气面包公司在伦敦桥火车站的面包房开设的。这一面包房的老板娘最初邀请几位她喜欢的顾客到店后面的一个房间中饮茶，在看到这一实验成功以及向顾客销售饮茶时享用的食品的商机之后，加气面包公司在随后的几年中开设了超过50个茶室。洛克哈茨、乳制品快递、卡多玛等其他公司也效仿，其中最著名的是1894年开业的里昂茶室。

里昂最初是卖香烟的商店，后来它开始在大型展览会上提供包括茶在内的饮料。1888年，它在格拉斯哥的一个展览会上建立了临时性的"主教宫殿茶室"，并且让女服务员穿着"玛丽·斯图尔特"的服装招待客人。1894年它在时尚的皮卡迪里大街开设了第一家里昂茶室，第二年又开了14家分店，到1900年共开了250家分店。该公司的一份报告很好地解释了它在半个多世纪内所取得的巨大成功：

　　　　　茶：嗜好、开拓和帝国

在此之前，带着孩子的妈妈找不到一个喝茶或者吃午餐的地方，餐馆中的价格太贵了。简而言之，里昂茶室为伦敦人以及外省人提供了在极为整洁干净的环境中享用既便宜又可口的食物的机会。在伦敦这个到处都是昏暗的酒吧、肮脏的咖啡馆和沉闷的小饭馆以及在里面为人们提供啤酒、咖啡或茶水的懒散、邋遢的男女服务员的枯燥乏味的城市中，这些崭新的金色和白色相间的茶室以及那里面穿着统一服装的迷人的女服务员让人顿觉眼前一亮。

里昂茶室创立了一种标准。在它的效仿者中，有的更便宜一些，而有的则更为高档。也许它们中最优雅的一个就是查尔斯·麦金托什于1903年在格拉斯哥创办的、如今仍然在营业的杨柳茶室。这个茶室以其银色的高背椅、粉红色的枝形吊灯和用缀着珠子的丝绸装饰的墙板而著名。最豪华的茶室位于高档的饭店里：里面有镀金的吊顶、装饰着棕榈树的大厅和优雅的茶叶舞蹈。所有这些茶室，无论是简单还是豪华，在提供茶水的同时还卖很多其他东西，但是它们最吸引人的还是他们的茶水。

从销售供顾客在茶室饮用的茶水到销售让顾客带回家使用的茶叶是一个显而易见的过程。里昂茶室早在为展览会提供饮料的时候就开始向公众销售茶叶了。1904年他们开始向食品杂货店批发印有其商标的袋装茶叶，到了1907年，该公司已有1.5万个零售点。

最早销售包装茶叶的是约翰·霍尼曼（John Horniman），他于1826年开始将茶叶装在内部衬有一层锡纸的卫生包装袋中出售。顾客购买这种袋装茶叶不用担心掺假或缺斤少两的问题。包装袋上的商标可以保证里面装的是符合标准的优质产品。最初食品杂货店的老板不愿意进这种包装茶叶，因为其利润不如他们自己用几种茶叶混合而成的散装茶叶高。但是霍尼曼通过大规模的广告宣传和在药店、糖果店销售的方式激发了公众的需求，从而使包装茶叶逐渐占领了市场。该公司在整个 19 世纪一直生意兴隆，并且最终于 1918 年被里昂公司购买。约翰·霍尼曼还发明了一种简陋的茶叶包装机器，但是用数以千计的低工资妇女手工包装茶叶要比使用机器更为便宜。这种情况直到 19 世纪过去很多年之后才有所改变。

在 20 世纪的大部分时间里，里昂（Lyons）一直是主导英国茶叶批发和零售业的四大品牌之一 —— 另外三大品牌是布鲁克 — 邦德（Brooke Bond）、合作社（Co-op）和大芙（Ty-phoo）。立顿仍然是一个重要的品牌，但是随着托马斯·立顿爵士日益衰老，这个品牌逐渐失去了发展的动力。立顿的主要失误在于它将精力集中在自己的零售店上。他开设了超过 600 个分店，而其他店主将这种行为视为与自己竞争，因此选择进其他品牌的货。立顿的销量逐渐萎缩，而他自己的零售店也因为经营不善而关闭。但是在其他国家中它仍然是一个成功的批发商。目前除了在其祖国之外，立顿的名字在世界各地仍然是著名的茶叶品牌。

玛扎瓦特（Mazawattee）遭受了与立顿相似但更为糟糕的命运。这个品牌是 1870 年左右由邓斯汉姆（Densham）父子公司创立的，它一开始就直接从事包装茶叶的批发生意，并在使用了玛扎瓦特这个引人注目的牌子之后很快成了市场上的一支主力军。它与立顿争相吹嘘自己交付了最多的每周一次的茶叶税 —— 这两个公司都操纵相关数据以暗示自己拥有超过一半的英国茶叶市场。1905 年灾难降临了玛扎瓦特。那年邓斯汉姆因病出国修养，公司的其他董事趁他不在的

立顿茶叶广告

（约1894年）

时候决定建立一些装修豪华的连锁店。他们购买了 164 个店面。当这些连锁店开业的时候，玛扎瓦特的零售商开始了抵制活动。邓斯汉姆匆忙回到英国，重新取得了控制权。他关闭了刚刚开业两个月的所有的连锁店，但是他的公司已经失去了太多的信誉，从此一蹶不振。

布鲁克—邦德公司是阿瑟·布鲁克（Arthur Brooke）于 1869 年创立的。实际上并没有邦德这么一个人——布鲁克—邦德公司是为了提高公司的知名度而编造出来的。布鲁克最初是一个在兰开夏郡和约克郡拥有几家店铺的零售商。他将精力集中在批发上，因而从来没有扩展过零售业务，只是用它来测试公众对他的混合茶叶的反应。就像另外三大品牌一样，它主要是靠广告来开拓市场。为了让人们相信其茶叶有助消化的功效，它推出了 Pre-Gest-T 这一品牌。后来这一名称被简化为 P. G. Tips，并且因为"黑猩猩茶会"这个广告而家喻户晓。它的另一个营销策略就是"分红"。在其茶叶的每个包装上都有一个图标，顾客可以将这种图标剪下来贴在一个专用的卡上，当一张卡贴满图标之后就可以用来换取现金或礼品。

布鲁克—邦德的促销活动完全是合法的，而其他一些公司则动起了歪脑筋。在世纪之交出现了大量欺骗容易上当的消费者的圈套，尼尔森公司就是其中最臭名昭著的一个。它为定期购买该公司少量茶叶的寡妇提供抚恤金。"抚恤金茶叶"非常受欢迎，为该公司赢得了 25 万顾客。最初公司还能够从其利润中为每位寡妇开支每年 25 英镑的抚恤金，然而在五年之内成为其顾客的寡妇就多达 1.9 万人。在公司破产后的诉讼案件中，人们估计该公司需要有 3 000 万英镑的资金才能够支付这些寡妇的抚恤金，而实际上它只有两万英镑的资产。

布鲁克—邦德公司的分红图标是从合作社公司那里学来的。合作社公司是 1863 年在曼彻斯特成立的一个生产和批发公司，在全国

　　　　　　　茶：嗜好、开拓和帝国

各地建立了 500 个合作社。这些合作社的成员也就是它们的顾客。他们每年都能够分到红利。一个成员在合作社消费得越多，他的分红也就越多。这是一个鼓励其成员购买合作社茶叶的很有效的激励机制。到了 1912 年，合作社的茶叶销售量达到了 2 500 万磅。它在 20 世纪上半叶仍然是英国的茶叶市场上的一支主要力量。但是到了 20 世纪下半叶，在其三个主要竞争对手的强大的广告攻势下，它逐渐失去市场份额。

英国的另一个主要的茶叶经销商是大芙。萨姆那家族自从 1820 年起就在伯明翰经营药店和食品杂货店。约翰·萨姆那（John Sumner）后来成为一名茶叶专家并且于 1863 年发表了一篇有关茶叶的通俗论文。在整个 19 世纪，英国都流行用完整的茶叶泡制的茶，而在茶叶加工的过程中产生的碎茶叶则可以用非常便宜的价格买到。据说老约翰·萨姆那的一个姐妹发现用碎茶叶泡制的茶水可以缓解她的消化不良的症状，老约翰因此受到启发，从锡兰购买了几箱碎茶叶包装出售。

他的这种茶由于起了"大芙"这样一个押头韵并且听上去具有东方韵味的名字而卖得非常好（英文为 Ty. phoo Tipps，后来这个名称中间的那个点被改成了连字符，而 Tipps 中那个双写 p 则是印刷错误，但后来却被许多其他公司所仿效）。他没有将这种茶叶与其他茶叶混合，而是将其从锡兰运回之后直接包装。大芙与其他公司不同，它只卖一种茶叶，而且价格也是固定的。它对碎茶所谓的有助消化的优点大加宣传，声称自己的茶叶"不含对人体有害的单宁酸"，并且最初主要通过药店销售这种茶叶。当时人们对这种茶叶的药用性能坚信不疑，以至于在第一次世界大战期间该公司在 4 000 名医生的支持下成功地使自己免于被纳入政府的茶叶联合经营计划。

这四大茶叶公司逐步发展壮大，主导了英国的茶叶市场，并凭着大批量购买和巨额的广告花费等优势将大多数小茶叶公司挤出了市场。只有一些非常小或者像特文宁（Twinings）这样非常专门化的茶叶公司才避免了被消灭的命运。这四大茶叶公司本身也不能逃避市场力量的作用，它们都经过合并和收购而成为多国公司的一部分。但是对于这些公司来说是最重要的东西是品牌，而这些品牌基本上没有受到公司所有权变更的影响。英国政府于1970年对茶叶市场垄断情况的调查显示，布鲁克—邦德、大芙、里昂和合作社这四大茶叶品牌占领了茶叶市场总份额的85%。

虽然四大包装茶叶公司中的三个以及立顿公司都购买了茶叶种植园，但是它们的茶叶绝大多数还是在茶叶拍卖会上购买的。自从1834年东印度公司对中国茶叶进口贸易的垄断被取消之后，在东印度大厦（它位于现在新劳埃德保险公司大厦所在的地方）举行的茶叶拍卖也随之结束了。东印度公司获准继续拍卖其存货。最后一次拍卖于1835年举行。

政府没有对新的商人从中国运来的茶叶的销售作出安排。1835年10月8日，第一次拍卖被匆忙地安排在卡拉维咖啡馆举行。由于参加拍卖的商人、经纪人和经销商太多了，因此拍卖不得不转移到位于附近钱奇巷的一个舞蹈学校举行。第一批被拍卖的茶叶引起了一场闹剧。有人怀疑它们是否为政府检查员检验过的真茶叶。在"只适合作为毒药出售！""退出！退出！"等叫喊声中，它被迫撤出了拍卖。

舞蹈学校很显然不是适合拍卖交易量如此之大的商品的场所，于是大家同意将拍卖地点改在伦敦商业拍卖场。这个拍卖场是1811

年为当地的经营农产品——主要是葡萄酒和蔗糖——的商人修建的。这个建筑物非常庞大，据说是仿照一个罗马神庙修建的，它位于芬奇尔切街和泰晤士河之间的明辛街。第一次拍卖于1834年11月20日举行。在随后的136年中，明辛街成为英国乃至世界茶叶产业的中心。

许多茶叶经纪人和经销商的办公地点都在旧东印度公司的大厦内，他们过了好一段时间才搬到明辛街。然而明辛街逐渐变得越来越重要。大多数进口到英国的茶叶都被运送到伦敦市，而大多数茶叶公司都位于伦敦市。合作社后来也将其业务从曼彻斯特转到了伦敦。大芙仍然留在伯明翰，但是它的茶叶几乎都是从明辛街购买的。大多数其他茶叶公司，无论其大小，都将仓库设在离明辛街两三公里的范围内。

1914—1918年的世界大战对茶叶产业造成了巨大的影响。在战争的头两年中，茶叶贸易基本上没有受到影响。但是随后德国潜艇开始击沉英国商船，排队成为英国人生活的一部分。茶叶价格上涨，人们开始抱怨投机行为。政府为占所有进口茶叶40%的廉价茶叶规定了价格。与此同时，茶叶的进口量急剧下降，因为政府将茶叶归入"奢侈食物和饮料"之类。但是政府很快意识到茶叶在维持国民的士气方面起着重要的作用，它接管了茶叶的进口业务，并且对90%的茶叶销售规定了价格。被"联合经营"的茶叶粗略地分为四个级别。在1918年，所有的茶叶都成为只有三个价格类别的"政府茶叶"。政府还实施了配给制度，每人每周只供应2盎司茶叶。

2盎司茶叶是非常小的配给量。在和平时期，里昂茶室曾经用1磅茶叶泡制85杯茶，如果按照这个标准的话，2盎司茶叶只够一个人每天喝一杯半茶。更加节俭的人也许可以用这一配给量每天泡出2—3杯甚至更多的茶来，但是这种茶水非常淡。

1919 年战争结束之后，茶叶拍卖又恢复了。原本被认为已经达到饱和点的茶叶的消费量，于 1931 年上升到每人每年 9.5 磅的最高值。伦敦的商业拍卖场变得太拥挤了，因此茶商们决定修建一座他们自己的大楼。于是他们就在明辛街建造了一座巨大的办公大楼，并将其命名为种植园大厦。在这座大厦中有一个富丽堂皇的拍卖大厅。在它于 1937 年开始营业的时候，一箱又一箱阿萨姆茶叶在圣凯瑟琳码头被卸下商船，然后用大象运送到了种植园大厦。

当第二次世界大战于 1939 年爆发的时候，如此多的茶叶聚集在伦敦市必然会导致麻烦，但令人感到惊奇的是，只有很少量的茶叶在敌人的轰炸中受损。然而明辛街本身就没有那么幸运了，在 1941 年 5 月 10 日夜晚的空袭中，超过一半的茶叶经纪商的办公室都被炸毁了。

茶叶行业已经为战争作出了准备。考虑到在上一次世界大战中出现的情况，估计政府会对茶叶实行"联合经营"及配给制。在战争爆发两天之后，政府接管了所有的茶叶储备并让经纪商负责对其进行分配。从一开始政府就将茶叶视为一种对民众士气极为重要的物资，并为保持进口量而作出了各种努力。尽管如此，在敌人的封锁下茶叶的存储量降到了战前的四分之一。

在地中海于 1940 年对英国商船关闭之后，政府对茶叶实施了配给制。市民用茶叶票每星期可以换取 2 盎司茶叶 —— 这个配给量与第一次世界大战时期的相同。在工作场所，消防员、铁路工人、农作物收割人员以及炼钢工人等被认为从事重要行业的人员，可以得到额外的茶叶配给。从 1944 年起，70 岁以上的老人可以得到比一般人多 1 盎司的配额。当战争于 1946 年结束之后，配额制仍然在继续 —— 但偶尔配额会上升到 2.5 盎司，直到 1952 年才最终取消。在战争期间政府没有对茶叶实施"联合经营"销售。著名的饮茶倡导

　　　　　茶：嗜好、开拓和帝国

者、粮食大臣伍尔顿勋爵坚决反对这种一刀切的做法："如果我们在战争期间放弃混合茶叶以及品牌的话，那么我们就会丧失民族生活中很重要的一部分。"

第二次世界大战之后大英帝国很快就土崩瓦解了。英国人在印度和锡兰建立了大规模的茶叶种植园，英国以及世界的大部分茶叶都来自这些种植园。在这两个国家独立之后，英国人再也不能指望得到那里的茶叶出口的利润了。

1952 年种植园大厦恢复了茶叶拍卖活动。但是由于在茶叶生产国拍卖的茶叶数量大幅度增加，伦敦种植园大厦中的拍卖大厅显得太大了。加尔各答自从 1861 年起就定期举行茶叶拍卖活动，最初那里销售的茶叶的量很小，即使在那里拍卖的茶叶往往还需要在明辛街重新拍卖。在印度于 1947 年独立之后，印度人强烈地感到他们应该控制自己茶叶的拍卖，因此后来大多数印度生产的茶叶都被送往加尔各答和科钦拍卖。

阿萨姆公司开始对孟加拉人从它们的茶叶销售中提成的做法不满，因此他们在高哈提建立了自己的拍卖场。随后印度的其他大多数产茶地区也都建立了自己的茶叶拍卖场。锡兰几乎完全停止了向伦敦运送茶叶，而是在科伦坡进行销售。通讯条件的改善促进了这些变化的发生。茶叶生产商可以在拍卖举行之前向世界上任何地方空运茶叶的样品，或者通过电话或传真竞拍。英国主要的包装茶叶销售商也放弃了伦敦的茶叶拍卖场，因为随着伦敦的茶叶处理和存储费用的增加，直接从海外的生产商那里购买茶叶就显得更有吸引力了。

伦敦的茶叶拍卖场于 1971 年被从种植园大厦转移到了比其小得多的约翰·里昂爵士大楼，它位于泰晤士河畔黑牧师桥下游的一个 20 世纪 60 年代兴建的很普通的街区，完全没有前者那种富丽堂皇的气派。不久，由于拍卖生意迅速萎缩，甚至连这个大楼都被证明太大了。于是拍卖场于 1990 年又被转移到了伦敦商会。1998 年 6 月 29 日，伦敦的茶叶经纪人在那里举行了最后一次拍卖，从而结束了这一延续了 311 年之久的传统仪式。

在 20 世纪，人们的饮茶习惯和茶叶的营销由于美国人的一项发明——袋泡茶——而得到了彻底的改变。据说一位名叫托马斯·萨利文（Thomas Sullivan）的纽约茶叶经销商于 1908 年左右开始向他的顾客发送装在小丝绸袋子里的茶叶样品，有些人误以为这些袋子是用来泡茶用的（这与当时已经发明的金属泡茶器有点儿相似），于是就将它们直接泡在热水中。他们告诉萨利文，这些丝绸袋子不是很令人满意，因为它们上面的网眼太细小了。于是萨利文就发送了用纱布小袋做成的第一批真正的袋泡茶。

袋泡茶很快在美国流行起来，但是它们很久之后才被传播到大西洋的彼岸。从美国回去的英国游客描述了他们饮用泡在温水中的美国袋泡茶的可怕经历。泰特莱公司（Tetleys）于 1935 年在英国市场上推出了袋泡茶，但是直到 20 世纪 50 年代袋泡茶的销量才开始增长。到了 1970 年袋泡茶还只占英国茶叶市场的 10%，随后袋泡茶的销量以惊人的速度增长。它在 1985 年占据了 68% 的市场，并在 2000 年占据了 90% 的市场。

袋泡茶很容易使用，并且在用后不会留下一堆难以清理的茶渣。它将茶从一种礼仪性的饮料变为一种方便饮料，它还使跨国茶叶包装商得以使它们的产品标准化。这种在广告中被大加宣传的标准化大大地减少了人们对高档茶叶的需求。购买一盒袋泡茶与逛一家爱德华时代的食品杂货店是完全不同的经历。在食品杂货店中，顾客可以

茶：嗜好、开拓和帝国

在许多不同种类的茶叶中慢慢地进行选择。

袋泡茶可以使用非常碎的茶叶，甚至可以使用茶粉，因此袋泡茶的销售价格是散装茶所无法相比的。以同样重量的茶叶泡茶，袋泡茶比散茶叶能够泡出更浓、更多的茶水。茶粉更容易冲泡，因而是一种更适合于便捷社会的"速泡茶"。世界各地的茶叶加工厂纷纷改变茶叶的加工过程，以提供更多的碎茶用来制作袋泡茶。除了几个最好的种植园之外，其他茶叶种植园都放弃了对茶叶进行精细分类的做法。"正统"的茶叶已经基本上被所谓的CTC（切碎、撕裂和揉卷的简称）茶叶所取代。茶叶的价格成为一个连续的传送带过程。已枯萎的绿色茶叶首先被一种称为麦克泰尔—洛托凡的巨大的机器挤压切碎，然后通常被送进CTC机器中进行进一步加工。常用的另一种加工方法是将经过洛托凡处理的茶叶送进劳利茶叶加工机中用大锤进行粉碎处理。

泰特莱通过推广袋泡茶而得到了迅速的发展，其他茶叶包装商很快就效仿了它的做法。袋泡茶的吸引力是如此之大，以至于那些喜欢高档茶叶的人现在也购买用这些茶叶做成的袋泡茶了。特维宁和立顿现在以袋泡茶的形式销售其大部分格雷伯爵茶和大吉岭茶。泰特莱于1961年被一个美国公司购买，然后于1972年被里昂公司收购，从而又为英国人所拥有。

1978年泰特莱—里昂又为联合酿酒公司收购。在其他几个主要的茶叶包装公司中，只有日益衰退的批发合作社仍然保持着独立。大芙被吉百利史威士公司并购；特维宁被联合英国食品公司收购；布鲁克—邦德和立顿被联合利华收购。茶叶成为多国食品公司经营的多种饮料中的一种。

食品公司试图效仿速溶咖啡的成功经验营销速溶茶叶。这种策略在冰茶和由机器自动销售的茶上得到了应用，但是并没有取得很大

20 世纪森宝利茶叶广告

茶：嗜好、开拓和帝国

的销量。去咖啡因的茶占领了一小块市场。迎合人们对许多食物中的有害化学物质的担忧而推出的有机茶则具有更好的前景，许多种植园通过在规定的三年期限内不使用任何化学药品的方式将它们现有的茶园转变成了有机茶园。

四大茶叶包装公司的广泛而又昂贵的广告宣传似乎使它们占领了几乎整个茶叶市场。只有一种力量能够挑战其统治地位——超级市场。

虽然有些大超市公司是在19世纪建立的，但是它们在19世纪过去很多年之后才占领了较大的食品杂货市场。森宝利（Sainsbury）家族于1869年在考文特花园的德鲁里街开了第一个店，在1914年战争爆发的时候他们已经开了115个连锁店。茶叶是他们的一个重要业务。他们于1920年推出了自己的品牌森宝利茶，但是这种茶只是作为额外的物品出售的，它只是作为大茶叶包装商的著名品牌的补充，而从来就没有能够取代这些品牌。

特易购起步则要比森宝利晚得多。它的创始人杰克·科恩（Jack Cohen）于1919年开始在大街上卖东西。最初他的生意并不顺利，他在1924年由于卖肥皂赔本而被银行关闭了账户。销售是很不容易做的工作。科恩曾对给他帮忙的侄子说："用手抓住钱，随时准备逃跑。"科恩坚持了下来。他到处寻找廉价商品——果酱、金属研磨膏、鱼酱——只要有利可图，他都买下。他对那些商标损坏或者包装破裂的商品进行重新包装。人们管他叫"食品杂货医生"，因为他专门收购食品杂货店中没人要的存货。他在明辛街发现了一些廉价的茶叶，于是就以每磅9便士的价格购买了四箱。然后他将其装入半磅装的袋中，每袋买 6 便士。这种茶叶卖得很好。他需要一个牌子，于是就将茶叶经销商 T·E·斯托克维尔（T. E. Stockwell）的名字的首字母与他自己的姓氏（Cohen）的头两个字母拼在一起，构成了特易购（TESCO）这个商标。

不久，杰克·科恩的特易购茶的销量达到了每周 50 箱，接着他又开始销售其他商品。20 世纪 30 年代，特易购开始经营常规商店。到了 30 年代末，他共拥有超过 100 家商店。在 40 年代，科恩在美国接触到了自助商店的概念，于是特易购开始经营试验性自助商店。较低的管理费用以及由此而产生的低价格使英国的食品杂货行业发生了革命性的变化。在 50 年代，特易购开始收购较小的连锁食品杂货店。科恩的商店以及一些模仿他引进了自助服务的商店逐渐发展壮大，后来成为所谓的"超级市场"。

杰克·科恩还带头发起了反对最低零售价格制度。由生产商决定其商品的零售价格的制度从 19 世纪末期以来就一直是英国零售市场的一个特征，商店对商品的任何打折都会受到压制，甚至会导致诉讼。许多零售商，特别是那些小零售商都支持最低零售价格制度，它们认为这可以让自己得到"公平"的利润空间。科恩认为这一制度人为地维持了较高的利润空间，并且妨碍了竞争。特易购为反对最低零售价格而大作宣传，它最终使其顾客以及政府相信，取消最低零售价格制度有利于公共利益。在 1964 — 1965 年之间，政府通过立法基本上废除了这一制度。随后超级市场降低其利润空间，使无法大批量进货的较小的食品杂货店因无法继续生存而关闭。

茶叶是特别容易受到消减开支措施影响的商品。为了占领更大的市场，大型超市通常会削本出售一些受大众欢迎的商品，以招揽顾客，而茶叶就是这种商品之一。许多小茶叶零售商因此而倒闭。一些超市试图推广其自己的茶叶品牌，但是它们仍然不得不购进和销售大茶叶包装商的品牌，因为这些品牌通过大规模的广告宣传和配制标准而具有特色的茶叶的方法拥有了极为忠诚的顾客群。

随着 20 世纪的推进，连锁超市的数量越来越少，而他们所占的食品杂货市场的份额则越来越大。到了 2000 年，大超市集团拥有了包括茶叶在内的所有食品市场的 80% 的份额。这一行业主要由四大品牌主导：特易购、森宝利、阿斯达（Asda，它后来被美国的零售商沃尔玛收购）和赛福威（Safeway）。其中最大的是特易购，其利润超过了 10 亿英镑。

第二次世界大战对于印度的茶叶种植园来说是一段很艰难的时期。许多种植园的经理都离开种植园去参加了战争；军用道路、桥梁和机场的建设使种植园失去了大量的劳工。受到战时通货膨胀的影响，那些仍然留在种植园中的工人的工资大幅度上涨。茶叶公司的利润极其微薄。

在 1947 年独立之前，印度被分割成为两个国家。有一些茶叶种植园位于新成立的巴基斯坦的东部，这一部分于 1971 年从巴基斯坦分裂出去，成为孟加拉国。中锡尔特和吉大港的茶叶种植园对于赤贫的孟加拉国经济来说非常重要，但是它们只占印度茶叶生产量的7%。英国人放弃这个次大陆的时候拥有这些种植园的一半，到了 20 世纪末仍然如此。

在印度拥有种植园的茶叶公司分为两类：在英国成立的英镑公司和在印度成立的卢比公司。几乎所有这些公司最终都由英国公司控制。但是卢比公司可以利用印度资本。在印度处于英国的殖民统治时期，这两种公司的区别不是很重要，因为英镑和卢比可以很容易地相互兑换。在印度独立之后，这两种货币之间的自由兑换停止了。印度的货币兑换控制机构认为卢比公司是"印度"公司，因此它们的利润应该留在印度。

在独立之后，印度政府开始计划对主要产业进行大规模的国有化，有些国有化的建议中包括茶叶产业。许多英国公司产生了恐慌，于是不再用心经营这些种植园。他们尽可能避免在种植园的设备维护和更新方面投入资金，并且将虚报的"利润"送回英国。他们还将种植园卖给印度人。在随后的20年中，印度通过各种立法限制英国人所拥有的茶叶种植园的利润，并迫使他们将其种植园卖给印度人。到了20世纪70年代，印度大约三分之二的茶叶种植园已为印度公司所有。

英镑公司纷纷合并成为大集团，以便更好地对付印度政府和官僚。在20世纪70年代，在信奉社会主义的总理英迪拉·甘地的领导下，印度采取进一步措施将剩下的那些公司置于自己的控制之下。这些措施不仅影响到英镑公司，而且还影响到那些外国人持有40%以上股份的卢比公司。所有这些公司都变成了卢比公司，在这些公司中印度人拥有至少26%的股份。

人们以为以上这一系列的措施会将英国的茶叶公司赶出印度，但事实证明这些公司具有惊人的适应性。被卖掉的一般都是那些土地较差或者管理不善的种植园，而剩下的那些英国人所拥有的种植园的茶叶产量一直高于印度人所拥有的种植园，因此虽然它们的种植面积少了，但是其相对产量却没有受到多大影响。在独立之后，印度的茶叶产量增加了两倍，到20世纪末已达到17.3亿磅。很难弄清楚英国人拥有的种植园生产的茶叶究竟占其中的多少，但是很可能占到了一半。

另外，通过他们所控制的品牌，英国人占领了印度的大部分茶

茶：嗜好、开拓和帝国

叶批发市场。随着印度的人口增长到超过 10 亿，茶叶在印度的销量也有了巨大的增长，以至于印度作为世界上最大的产茶国，其茶叶出口量却只在世界上排名第三。在印度生产的茶叶的四分之三都在印度被消费了。印度最大的茶叶批发商是英国 — 荷兰所拥有的联合利华公司的一个下属公司，该公司也拥有布鲁克 — 邦德和立顿等品牌。

英国人并没有能够完全控制印度的茶叶行业。作为一个巨大的印度联合企业的塔塔茶叶公司拥有大约 60 个茶叶种植园，在批发领域，它与最初在英国推出袋泡茶的泰特莱公司密切合作。2000 年，塔塔公司购买了泰特莱公司以及它的全球性品牌。

2002 年 6 月 26 日，印度政府承认茶叶种植园需要振兴和新的投资，于是放弃了国有化的政策。外国投资者又一次被允许在印度投资茶叶种植园并保持 100% 的利润。考虑到英国公司在印度的批发市场所占据的巨大份额，预计它们将会利用这一自由化的政策进一步扩大其在印度的投资。

在 20 世纪初期，茶叶是锡兰最重要的作物，为其带来出口总收入的一半以上。随着 20 世纪的推进，情况发生了变化。在英国统治的最后几年，茶叶种植面积的增长并不是很大，但是由于种植技术的改进，作物产量增加了一倍。

当锡兰于 1948 年摆脱英国的统治获得独立的时候，这个岛国有2 200 平方公里的茶园。在联合国民党执政期间，茶叶生产行业的情况与以前相比没有发生多大的变化，英国人仍然控制着大多数负责茶叶种植园管理和茶叶销售、出口的代理机构。

独立对种植园中的泰米尔人产生了严重的影响。虽然他们中的许多人都已经在锡兰定居好几代了，但是联合国民党仍然竭力限制他们的国籍和居住权，尤其是他们的选举权。这一方面是为了迎合僧伽罗人的反泰米尔情绪，另一方面是因为联合国民党担心种植园中的泰米尔人与僧伽罗社会主义者结成选举同盟。早在英国人统治的期间，泰米尔人的选举权就受到了限制，但是他们还是在产茶地区选出了几个议员。在独立之后通过的法律几乎剥夺了他们所有的权利，最终他们当中只有10%的人能够参加选举。这些措施使种植园中的泰米尔人感到非常愤怒。尤其是有些泰米尔人的祖先早在两千多年前就来到了锡兰，但是他们也受到了相同的对待。这两类泰米尔人发现他们的语言被政府边缘化，而且他们在教育和就业领域都受到了歧视。这最终导致了内战。与此同时，许多种植园中的泰米尔人被迫离开锡兰回到了印度，而回到那里之后他们的生活也非常困难。

锡兰强大的邻居印度最初坚持，任何在锡兰居住满五年的泰米尔人都应该获得锡兰国籍和选举权。但是由于锡兰政府采取了不妥协政策，印度于1964年与锡兰达成一个协议：锡兰授予30万泰米尔人国籍，印度在15年内接受52.5万名泰米尔人。另外15万泰米尔人没有包括在这一协议中，但是两国政府于1974年同意各接受7.5万人。这对于那些为使茶叶成为锡兰的最大资产而奉献了一生——并且其父母以及祖父母也奉献了他们的一生——的人来说是一个令人心酸的结局。

1956年社会主义政党上台之后，英国茶叶种植园主感到了压力。政府增加了对公司的税收，并限制了税后利润向英国转移。有人提出要对这些公司直接实施国有化。作为对这些威胁的反应，许多英国公司被卖给了当地人。外国人——主要是英国人——所有的种植园从70%减少到了31%。

　　　　　茶：嗜好、开拓和帝国

20 世纪 70 年代早期，锡兰终于对茶叶种植园实施了国有化。小种植园主被允许为其每个近亲属保留 20 公顷茶园，但是其他土地都被收归国有。国家总共获得了茶叶种植面积的三分之二。虽然这些种植园的管理人员和工人一般都保留了下来，但是管理中的官僚主义和政府的干涉造成了影响，茶叶的产量和质量都下降了。被国有化的英国公司只得到了很少的补偿，它们对此感到非常不满，于是不再成为科伦坡茶叶拍卖会上的主要买家。

土地改革之后，在小块土地上种植的茶树大大增加。到了 20 世纪末，几乎一半的茶园都为小种植者所拥有，其中大多数只种植一两英亩茶树。

1993 年，联合国民党靠着提出私有化的纲领重新掌握了政权。它最初将国有的茶叶种植园交给私人管理，后来又将其出售。对茶叶营销和出口的限制也被取消了。英国公司利用了这个机会，但是斯里兰卡的公司成为了主导力量。詹姆士·芬利（James Finlay）成为在斯里兰卡的最大的英国种植园主和经理，他的种植园生产的茶叶占斯里兰卡茶叶生产总量的 5%。到了 2000 年，大种植园和小茶园中的产量都开始上升，总产量达到了 6.75 亿磅，茶叶质量也提高了。但是茶叶种植业的进一步发展受到劳动力短缺的限制。

锡兰（它于 1972 年改名为斯里兰卡，但是这个国家的许多茶叶品牌仍然沿用锡兰的名称）是世界上最大的茶叶出口国，其生产的茶叶 90% 用于出口。过去锡兰非常依赖英国市场，在最近几年它实施了多样化的销售政策，并开拓了新的市场。现在锡兰出口到英国的茶叶只占其出口总量的 3.5%，远远低于俄罗斯、阿拉伯联合酋长国和土耳其。其中大多数茶叶在出口前已经完成包装，这样会给锡兰带来更大的利益。

在锡兰——以及印度在较小的规模上——所发生的情况迫使英国重新考虑其全球的茶叶政策。在 19 世纪，当中国的茶叶供应变得不可靠的时候，英国人在印度和锡兰建立了茶叶行业。与此类似，在失去了印度和锡兰之后，英国人开始将眼光转向在地球上仍然在他们的控制之下的区域——非洲。

英国人在 19 世纪即将结束的时候开始在其非洲的殖民地尼亚萨兰（现在的马拉维）种植茶叶。由于尼亚萨兰可用于种植茶叶的土地总量有限，他们从一开始就认识到这个国家的茶叶种植业不会很大。在坦噶尼喀（现在的坦桑尼亚）和乌干达发展茶叶种植业的可能性也有限。因此英国开始将注意力集中在它的另一个殖民地——肯尼亚。从 1903 年开始就有人在肯尼亚实验性地种植茶叶。一些欧洲农民一直在开展小规模的种植，但是直到 1924 年，这个国家茶叶的年产量只有 1 000 磅。随后两个英国公司——布鲁克—邦德和詹姆士·芬利——改变了那里的茶叶生产状况。

1922 年，布鲁克—邦德在肯尼亚建立了一个分公司，以销售其茶叶。到了 1925 年，它占领了 60% 的东非茶叶市场。1924 年它在利姆鲁附近购买了 4 平方公里土地，准备用来种植茶叶并收购、加工在附近的小种植园中生产的茶叶。

1925 年，詹姆士·芬利公司来到了肯尼亚，它是一个在印度和锡兰都拥有种植园和经营机构的老牌公司。当时该公司在肯尼亚看到了廉价购买土地的机会。第一次世界大战之后，肯尼亚政府向英国退伍军人提供土地，这一政策引起了非洲人的很大不满，因为他们声称对肯尼亚的大部分土地拥有所有权。政府为英国东非伤残军人殖民团提供了位于凯里乔附近的 100 平方公里"多余的"土地。这一计划的管理极为糟糕,并因其准军事性质的纪律制度以及用军号进行管理的做法而受到人们的嘲讽。有 50 名退伍军人去到那里准备种植亚麻。恰恰在这个时候世界的亚麻市场崩溃了,而他们又没有种植其他作物的专门知识。这一计划最终破产,詹姆士·芬利公司获得了 80 平方公里土地的 99 年的租期。布鲁克斯—邦德公司获得了其中的另外 20 平方公里土地并在后来又获得了其他一些土地。

凯里乔和利姆鲁地区的土壤和气候被证明非常适合种植茶叶。这些地区地势较高,大约在海拔 1 500—2 100 米左右。夜间气温较低,适合种植高品质茶叶,产量也很高。到了 1947 年,布鲁克—邦德和詹姆士·芬利公司各自种植了 20 平方公里的茶叶,另外还有总面积为 24 平方公里的小茶叶种植园。后来印度和锡兰的局势变化促使这两个英国公司大幅度地增加了其在肯尼亚的茶叶种植面积,直到这个国家于 1963 年独立。在此之后,它们继续扩大茶叶种植面积,直到 1976 年被肯尼亚政府阻止。到了 2000 年,英国公司总共在肯尼亚种植了 200 平方公里的茶叶,其中布鲁克—邦德——它在肯尼亚仍然是最大的茶叶品牌——拥有最多的茶叶种植园。

20 世纪 60 年代又有了另一个重要的发展——肯尼亚成立了茶叶发展机构,以鼓励非洲的小土地所有者种植茶叶。在世界银行和其他国际机构的资助下,该机构建立了许多工厂,加工拥有小块土地的农民在种植其他传统作物的同时生产的茶叶。这些农民中大多数仅种植不到 1 英亩的茶园,但是他们的种植面积加在一起数量还是非常巨大的。极为良好的管理、农民的辛勤劳动及其采用新种植技术的意愿,使得这一项目成为世界上最成功的一个发展项目。早在 1975 年,肯尼亚的小土地所有者生产的茶叶就占这个国家茶叶总产量的三分之一。到了 1988 年,15 万小土地所有者生产的茶叶总量超过了英国大种植园的产量。到了 20 世纪末，小土地所有者种植的茶园总面积达到了 690 平方公里。他们生产的大部分茶叶都由英国公司在蒙巴萨拍卖，并通过具有悠久历史的英国经纪公司进行买卖。

肯尼亚生产的茶叶中有 95% 用于出口。随着茶叶种植面积的大幅度增长，它成为世界上第二大茶叶出口国。

在 20 世纪末，英国人在世界茶叶市场上所起的作用远远超过了在大英帝国瓦解后人们的预料 —— 尽管由于世界上其他国家的茶叶消费量增加，英国的茶叶消费量仅占世界茶叶生产量的 4.5%。2000 年，英国公司仍然在世界上主要的茶叶生产国拥有茶叶种植园，并且在世界各地经销数量巨大的茶叶。例如，詹姆士·芬利公司在其位于肯尼亚、斯里兰卡、乌干达和孟加拉国的种植园中每年生产超过 1 亿磅茶叶，并且经销 2 亿磅茶叶。最重要的是，英国品牌主导了世界的茶叶市场。仅联合利华一家公司就通过布鲁克 — 邦德和立顿这两个品牌每年销售超过 7 亿磅茶叶，这占了世界上红茶销量的六分之一。

中国又一次成为世界茶叶贸易的一支主力军。19 世纪英国茶叶企业的发展对中国的茶叶产业产生了严重的损害，而鸦片战争又使这个国家陷入了混乱。在 20 世纪上半叶，中国饱受政治动荡和战乱的蹂躏，由于许多西方人都养成了饮用红茶的习惯，中国绿茶的出口大大下降。中国的茶叶产量从 1886 年高峰时期的 2.96 亿磅降至 1920 年的 4 100 万磅。但是在 20 世纪下半叶，中国绿茶的产量及消费量急剧上升。如今中国已经成为世界第二大茶叶生产国，每年的产量达15亿磅，其中三分之一用于出口。随着在世界贸易组织的压力下关税的降低，它很可能会成为世界上最大的茶叶出口国。

20世纪下半叶世界茶叶产量大幅度增长的主要原因不是种植面积的扩大，而是种植技术的改进，尤其是克隆技术的应用。在传统上，人们是用经过专门筛选的茶树种子培育新的茶树幼苗的，这些幼苗需要很多年才能够成熟。这使得通过进一步筛选的方式改良品种的过程十分缓慢，而杂交又往往会产生很多劣质的种子。克隆则可以避免这两个问题。

茶树的克隆——也就是无性繁殖——技术最初是由日本人在19世纪的时候开始应用的。这一技术实质上非常简单，就是将从刚刚修剪过的茶树上剪下的大约2.5厘米的新生枝条插在苗圃中，使其生根发芽。从一棵茶树上可以剪下数百根新生枝条，由此产生的幼苗是完全相同的。当这些幼苗生根发芽之后就被种植到了茶园中。

品种筛选成为茶叶研究的主要部分。在传统的茶园中，你只要稍加注意就会发现有些茶树长得比其他茶树茂盛，这使我们能够作出第一次筛选，即选择那些从其上面剪下的枝芽能够生根并且快速生长的茶树。还可以选择那些对病虫害抵抗力强或容易吸收肥料的品种。茶叶研究机构甚至建立小型的"加工厂"加工和评估在不同的茶树上生长的茶叶。这种选择性的繁殖过程可以提供现代市场上所需要的产品，而且产量也比以前有大幅度的增加。每英亩生产2 000磅成品茶的茶园已经十分普遍，而小面积的试验田的产量可以比这高很多倍。随着旧的茶树品种逐渐被克隆的茶树品种所取代，预计世界的茶叶产量将会大幅度上升。

茶叶的生产在过去一直依赖非常廉价的劳动力，如今情况依然如此。例如在 2000 年，印度的茶叶行业有 100 万工人，其平均工资相当于每天 1 英镑，在斯里兰卡为 90 便士，而在马拉维则只有 50 便士。在所有这些国家中，还有很多人的经济状况要比茶叶工人差，否则也就不会有人愿意从事这项工作了。尽管如此，这些工资低于许多其他行业的工人的工资，几乎无法维持生计。为什么茶叶行业的工人的工资如此之低？答案很简单：供过于求。

如果茶叶的产量能够像石油的产量那样受到控制的话，那么其生产者的工资就会增加。当然，茶叶没有石油那么重要，但它是许多人生活中不可缺少的一种奢侈品。如果产茶国家能够理性地开展谈判的话，那么它们就可以达成一个协议，在不造成销售量大幅度下降的情况下缓慢地增加茶叶的零售价格。目前在产茶国家普通茶叶的拍卖价格仅为每磅 40 便士，在英国的超市中茶叶的零售价格在每磅 1 英镑 80 便士到 2 英镑 70 便士之间。运输、包装和分配的费用构成茶叶价格的主要部分，拍卖茶叶的价格增加一倍只会使茶叶的零售价格增加 50—60 便士，这几乎不可能导致消费者的抵制。事实上，在过去 10 年中拍卖茶叶的价格有了大幅度的下降。

在过去有的政府曾经试图限制茶叶的产量。在 20 世纪 30 年代的经济衰退期，茶叶的加工急剧下降。这促使主要的产茶地区——印度、锡兰和荷属西印度群岛——达成了一个《国际茶叶协议》(International Tea Agreements)，将茶叶的产量限制在通常水平的 85%。这些措施非常成功，直到第二次世界大战使其失去了必要性。在 1970—1971 年之间达成的另一个将茶叶产量减少到原来的 94% 的协议也取得了较为满意的效果。尽管有这些成功的先例，但是从那之后产茶国再也没有能够达成类似的协议。

　　　　　茶：嗜好、开拓和帝国

在过去10年中，"公平贸易"茶叶受到人们的关注。贴有"公平贸易"标签的茶叶品牌保证其产品是在遵守有关劳工待遇的某些最低标准的种植园中生产的。近年来有些人在引导消费者购买"公平贸易"品牌的茶叶方面作出了令人称道的尝试。像"直通茶叶"（Tea-direct）这些品牌越来越受到消费者的欢迎，但是它们仍然只占市场的一小部分。像"公平贸易"这种计划值得支持，我们希望贴有"公平贸易"标签的茶叶品牌的销售量能够逐渐增加。但是它们的价格应该具有合理的竞争力，并且它们也不可能在世界茶叶产量供过于求的情况下较大幅度地提高茶叶工人的工资。

© Cafédirect Limited

"直通茶叶"包装

受到来自消费者和"公平贸易"运动的压力，一些主要的茶叶包装商开始监督为其供货的种植园中的条件，这是一个值得欣慰的发展。然而，由于这些包装商中许多都拥有自己的茶叶种植园，而且它们也在不断扩大生产规模，因此我们怀疑它们是否真的愿意解决生产过剩以及由此带来的低工资问题。

目前世界的茶叶消费量正以每年1%的速度增长，而茶叶的生产量则以每年2%的速度增长。一般来说，购买者总是希望以尽可能低的价格购买茶叶。如果要使茶叶种植园和它们的工人获得一个公平的价格，那么就必须逐渐减少茶叶的产量，以使供需平衡。这一目标只有通过政府间的合作才能达到，但是现在我们还没有看到这种合作的迹象。看来茶叶价格和茶叶种植园工人的工资还会进一步下降。

第七章

在非洲的一年

变革之风吹遍了整个非洲大陆。不管我们是否喜欢，民族意识的增长已经成为一个政治事实。

——英国首相哈罗德·麦克米兰，1960 年 2 月于开普敦

我们每天都要到乔治的萨特姆瓦种植园和我的姆瓦兰桑兹种植园去巡视一遍，因此很早就要开始工作。每天早上 5 点 15 分一位仆人将早餐送到我的床边。天亮之后，我从蚊帐中钻出来，洗个淋浴——我们洗澡用的是从山脚下打上来的冰凉的河水，因为乔治相信冷水浴有益健康，穿上咔叽短袖衫和短裤、长筒袜和沙漠靴，然后就出发前往茶园。我们通常先去姆瓦兰桑兹，在那里待到早上 6 点，也就是第一批工人下地干活的时候。尽管这时天还很早，但是茶树已经呈现出一片耀眼的绿色，而天空则是湛蓝的。清澈的空气似乎放大了附近的高山，山上的每一棵树都可以看得一清二楚。

我于 1 月份来到非洲，当时正是雨季高峰时期。雨季通常在 11 月份开始，在 1—2 月份达到高峰，并一直持续到 5 月份。姆瓦兰桑兹的年降水量为 220 厘米，但是分布很不均匀，大部分降水都发生在雨季的这 6 个月中。通常每天早上的时候天气都十分晴朗，然后巨大的阴云逐渐聚集起来，最后布满了整个天空。在中午过后开始下雨。雨下得非常大，在几秒钟之内就会把我淋得浑身湿透。然后又

是雨过天晴，天气变得如此炎热，以至于路上的雨水开始蒸发，形成雾气。我身上被雨水淋得透湿的衣服在10分钟之内就被烘干了。

姆瓦兰桑兹有200公顷茶树，其中160公顷已经成熟，40公顷还没有完全长成。它们被种植在相互独立、每个面积为8公顷的茶园中。种植园中有大约500名工人，包括350名男工、50名女工和100名十来岁的童工。他们被分为50人左右的小组，每个小组有一个工头。另外种植园中还有书记员、建筑工人、保安和厨师。有一半的男工和童工以及一些女工负责采摘茶叶，其他的人负责锄草。

乔治和我小心翼翼地穿过密集的茶树丛，来到采茶工人的后面，在此过程中尽量避免我们的腿被茶树下部修剪得十分尖锐的树枝划破。我们走到采茶工人的前面去，因为这些工人一边采茶，还要一边驱赶茶树丛中可能隐藏的蛇类。乔治会提醒工头确保工人只摘取一芽二叶。其他更老、颜色更暗的叶子则被摘除并扔掉，以保持茶树丛的平整。我们会检查采茶工背篓中茶叶的质量，但是主要的质量检查工作还是在茶叶称重的时候进行的。

每个采茶背篓可以装大约40磅茶叶，这些茶叶最终可以加工成大约8磅的成品茶。一名采茶工的基本"任务"是每天采摘40磅茶叶，具体的工作量取决于茶树上长出的新芽的数量。在完成这一工作任务后工人就可以得到一笔基本工资。如果超额完成任务，他们就可以得到额外的报酬。采摘速度很快的工人可以得到2倍于基本工资的报酬，但是一般来说，他们的报酬远没有那么高。在茶叶生长速度较慢的旱季，工人们很少能够得到额外的报酬。他们可能会要求不以工作量而以工作日计算工资。

锄草、修枝和其他工作也采用了一种类似的按件计酬的制度。种植园的经理与工头协商确定每个工人每天的基本"任务"。这是经理的最棘手的工作。幸运的是，我本人以前曾经做过大量的按件计酬

茶：嗜好、开拓和帝国

的工作 —— 在学生时代，我曾在假期在伊夫舍姆山谷中采摘过水果，因此我对这一工作的困难有充分的认识。

锄草要比采茶困难得多，而这些工作很多是由妇女从事的。锄草工人所使用的是传统的葡萄牙式的锄头 —— 它呈丁字形，有一根75厘米长的木柄，在其一端装着一个沉重锋利的铁片。这些女工在挥动这种沉重的锄头时必须把身体弯得很低。由于最近的一次罢工，茶园中的野草已经长得像灌木一样粗硬坚韧，有些荨麻已经长到了25厘米高。在太阳完全升起之后，这些女工就会浑身被汗水浸透，但是令我感到惊讶的是，她们似乎总是那么快乐，一边干活还一边不停地欢笑、歌唱。

从一开始，种植园工人以及其他尼亚萨人的欢快性格就给我留下了深刻的印象，我当时认为这是非洲人的一个特征。但是我后来得知，这就像我有关非洲的其他许多以偏概全的推测一样是错误的。他们的这种欢快肯定与收入无关，因为即使根据非洲的水平，他们的收入也很低。男人们穿着西式衬衣和裤子，而妇女们则裹着一块颜色鲜艳的布，他们的衣服都破旧不堪。他们中有的人有自行车，但通常是在工作数年之后才有钱购买的。在茶叶种植园的基本工资是每天两个先令（10便士）。

乔治一再提醒我要反复计算每个工人小组中的人数。清点工人人数、编制花名册主要是书记员做的事情。这些书记员最惯用的一种做假方法就是列出一些根本就不存在的工人，然后在发薪日以这些虚假的工人的名义冒领工资。传统的"30天工作单"制度为这种作假行为提供了便利。这种工作单记录了每个工人的工作日以及在规定的工作任务之外所做的额外工作。只有当一个工人做满30个工作日之后才能领取工资，但是他们也可能会在每周领到一小笔预付工资。通常一个工人需要很长时间才能够填满他们的工作单，因为他们中的许

SATEMWA TEA ESTATES LIMITED.
MWALANTHUNZI ESTATE

6TH FEBRUARY 1962

MUSTER CHIT					C	M	K
Native Staff					6	—	—
Watchmen						11	—
GARDEN BOY					—	4	—
MEDICAL					—	1	—
COOKS				1	—	3	—
MAIZE MILL					—	1	—
PENSIONED					—	2	—
COMPOST MANURE					—	3	—
CATTLE BOYS					—	2	2
PLUCKING BASKETS					—	1	—
" F.NO 1				9	2	—	(73)
" " 13				—	2	(100)	—
TIPPING " 14.15+16				—	5	(170)	—
(BAGGING)					—	10	—
WEEDING F. NO 13				—	2	79	—
" " 14				—	1	17	—
" " 16				63	2	—	—
" " 18				—	1	—	46
BRIDGE UP KEEP					—	2	—
LINES				4	1	40	4
KHOLA					—	4	—
GROUND					—	1	15
BUNGALLOWS					—	—	8
DAMBO SAND					—	4	—
GARAGE					—	2	—
Total		(70.4)		77	20	457	148
Not at Work TOTAL				77		479	148
Cut Wages NOT AT WORK				102		204	116
Left Estate							
Total on Check Roll				179		693	264

Arrived on Estate   Hetherwick—603—K—58

人数点核单 —— 姆瓦兰桑兹种植园

(1962 年 2 月 6 日)

茶：嗜好、开拓和帝国

多人经常要请假去照料他们自己的庄稼地。这意味着种植园的劳动力不是固定的，而是流动的，因而很难对其工作进行跟踪记录。当时这个种植园正在尝试改用一种更容易控制的周工资计算制度，但是这一制度还没有完全到位，因此很难对分散在各个茶园中的数百名工人的工作进行准确的记录。

乔治告诫我："要经常、仔细地清点人数。在过去四年中有四名姆瓦兰桑兹的书记员因为做假而被解雇。我们需要对这些书记员进行严格的监督，但是尽量不要使他们太难堪，因为你还必须依靠他们。他们是在这个种植园中仅有的还能够说上一两句英语的非洲人！"

发薪的时间是星期五下午傍晚的时候，这对于我来说是一个充满压力的时刻。在这个时候很容易爆发冲突，因为工人们会对他们的工作量的记录提出异议，或者要求预付将来的工资。我们在标准银行裘罗分行——它只是一个铁皮屋顶的小房子，仅在每个星期三营业几个小时——以硬币的形式提取现金。银行将这些钱装在旧弹药盒中，用钢条捆扎封死，然后交给我们。我们将这些未开封的盒子送到加工厂的办公室中，直到星期五再将其带到种植园的办公室并在那里清点里面的现金。如果金额有少量误差的话，就在下一个星期调整。

我在到达种植园后的第一个周末搬进了我在姆瓦兰桑兹的房子中。独自一人在黄昏时分坐在房子外面的走廊中观看夜色降临是一种很奇怪的感觉。在最初的几个星期，黑夜中突然响起的昆虫或者鬣狗的叫声会让我感到毛骨悚然。而在另一些时候，当我独自一人躺在床上，在空荡荡的房间中倾听非洲夜晚各种声音的时候，又会感到非常惬意。

我住的房子很大并且很现代，它是在几年前为满足一个拥有大家庭的经理的居住需要而修建的。与其他茶叶种植园的经理的房子不同，它不是在茶树园中，而是位于一片没有被开垦的树林中间，四周都是很漂亮的大树。有一条很长的土路通向这所房子。在这条道路的最后 100 米的路段两边种着结满果实的柚子树、橙子树和柠檬树。这所房子位于一座小山包的顶部，因而从那里可以看到远处裘罗山的壮观景色。在房子前面是一个很大的草坪，种植园的前一位经理种了一些开花的树木 —— 蓝色的紫葳树以及红色的猩猩木和木槿树。房子被刷成耀眼的白色而且非常的长，有三间卧室、一个卫生间、一个起居室、一个餐厅和一个厨房。所有这些房间都沿着一条很长的走廊一字排开，从房子的一头到另一头有 50 米。一个很大的有顶棚的室外走廊从房子中间延伸出去，在走廊的尽头有台阶，通过走廊可以从落地窗进入房子中。令人感到惊讶的是，这个房子有干线供应的电力，它是从通向加工厂的线路上接过来的。房子中有基本的家具 —— 床、桌椅和一个过时的石蜡冰箱，但是没有窗帘、地毯、床单和厨房用具。购买这些东西要花很多钱。

幸运的是，在尼亚萨兰（不像在当时的英国）很容易赊账购物。我还从英国托运了一些陶瓷餐具、刀叉和床单，它们将于一两个月之内到达。在我离开英国之前公司还给了我 50 英镑的置装费。当我在伦敦完成签署合同的手续的时候，我的管理机构的主席把我叫到一边对我说：

"孩子，我能给你一个建议吗？"

"谢谢您，先生。"

"对于你来说最重要的事情就是做一身得体的服装。在那里有很

　　　茶：嗜好、开拓和帝国

多裁缝，并且都很便宜，但是他们需要有一个纸样才能够做衣服。你到辛普森或奥斯丁·里德裁缝店去量一下尺寸，然后就可以到非洲去做一身一流的丛林夹克和短裤。你不会后悔的。"

我的确去辛普森裁缝店打听了一下，但是他们做一套纸样就要收取 25 英镑的费用，这占了我置装费的一半，因此我没有听从这一建议。幸亏如此，因为当我到达尼亚萨兰之后发现，在那里唯一穿丛林夹克的人就是那个管理机构的当地经理，而他在那里被人看做一个傻瓜。后来我见到了其他种植园主，他们给我列出了一个需要购买的物品的清单。他们都头戴遮阳帽，身上穿着红色的法兰绒衣服。

乔治把我带到布兰太尔并把我介绍给了 C·K·拉曼先生。拉曼先生是一位很受人尊敬的印度商人，他组织家居用品拍卖，并且还出售新家具和其他家居用品。

乔治说道："这是莫克塞姆先生。他刚刚开始在萨特姆瓦和我们一起工作。"

拉曼先生对我说："欢迎来到尼亚萨兰。"然后他向堆满货物的仓库挥了一下手说道："你需要什么就只管去拿吧。"

我说："我还没有开银行账户呢。但是……"

他笑着说道："不用担心这个，你什么时候付钱都可以。大多数人都是在一两年之后才付钱的！"

当然，他知道如果我留在这个国家并且干得好的话，我会成为他的一名忠实的顾客。当时的通货膨胀率和银行利息都很低。最重要的是，拉曼先生知道，虽然没有正式的协议，但是如果最终我自己不能还清债务的话，种植园会帮我偿清的。随后乔治带我去了另外几家商店。在那里，经乔治介绍，他们在不需要签署任何文书的情况下就为我开了账户。

乔治还帮我雇用了几个仆人——由我自己支付的一名厨师和一

个童仆以及由种植园支付的一名园丁和一名保安。他们住在我的房子后面 100 米远的几个比较现代但很小的房子中。他们没有一个人会说英语。

我开始满腔热情地学习起了齐切瓦语。在我搬进姆瓦兰桑兹的住宅之后，乔治每次只过来半天。我认真地听他说齐切瓦语，尽量从中学到一些东西。在晚上我非常勤奋地学习一两个小时的语法。当乔治不在的时候，我总是与一个书记员一起出去，在视察种植园的同时学习语言。我会用手指着东西学习词汇，然后将它们写下来以便以后记忆。这是一种非常直接的学习方法，因为这种语言只是在最近才有了文字，而其所使用的文字就是按照发音拼写的罗马字母。在我开始学习几天之后，一个工头用手指着一棵茶树下面激动地说道："Marvu！"我很急于学习一个新词，于是赶忙弯下身去查看。突然我感到腿上一阵刺痛，原来我被一只巨大的红色马蜂蜇了一下。在随后的好几天中我腿上被蜇的地方一直红肿着，非常疼，这给种植园的工人带来了很大的乐趣。每当我一瘸一拐地从他们身边走过的时候，他们都会冲我喊："Marvu！Marvu！"

随着我的齐切瓦语水平的提高，我开始越来越多地直接与我的工头长尤图姆打交道了。在我的印象中，他远比书记员更加可靠。他在茶叶种植行业干了很多年，因此比我懂得多。他是一位穆斯林，因此 —— 与许多书记员和工头不同 —— 从来不喝酒。另外，每当有种植园的工人要求我去解决他们之间的个人争端的时候，我总是可以依赖他向我提出合理的建议。

当我第一次被要求对工人之间的纠纷进行裁决的时候，我感到非常惊讶。在周末的时候发生了一起由非法酿造的烈酒所引发的打架事件。有一名工人声称另一名工人调戏了他的妻子，因此将他暴打了一顿。受害人的胳膊被打断了，使他几个星期都无法工作。他找到

　　　茶：嗜好、开拓和帝国

我，希望我能够替他从打人者那里索要赔偿。

我说："这与我无关。这件事情是下班之后发生的。去找部落首领或者治安行政官吧。"

他抗议说："但是，先生，以前的经理都会对这种事情作出裁决的。到其他地方去解决太费时、太麻烦了。你先就这件事情作出一个裁决，如果我们有一方不接受你的裁决的话，我们再去其他地方解决。"

我非常不情愿地听取了纠纷双方的陈述，然后咨询了尤图姆。他建议我让那个以惹是生非而出名的打人者支付受伤者一半的工资，直到他能够工作为止。我告诉那两个人这就是我的裁决。他们都认为这个裁决公平，于是都接受了这一解决方法。然后我就对他们的工资作出了相应的调整。

后来我又对许多盗窃、通奸和攻击的案件作出了裁决。根据当地的习俗，除了最严重的案件之外，其他所有案件都通过支付赔偿来解决。监禁犯罪的人从而使其无法挣钱支付赔偿的做法被认为是荒唐的。这使我的裁决工作变得相对容易一些，尤其是当争议双方都自愿找我解决他们之间的争议的情况下更是如此。只在少数情况下我才有必要将案件交给警察、部落首领或治安行政官处理。

熟悉工作和学习当地的语言是我到种植园之后最迫切的任务。但是在内心深处，我总是为自己没有驾驶执照和驾驶经验而感到担忧。在最初的两个星期，我每天有一半的时间自己在种植园中步行巡视，另一半的时间与乔治一起驱车巡视，在此过程中我仔细观察乔治开车。有时乔治会在晚上让司机开车带我去种植园经理的办公室或俱乐部。有一天，当我们都在工厂办公室的时候，我的汽车被送来了。很幸运的是，当时正是午餐时间，我找了借口留在办公室，直到其他所有的人都回家吃饭去了。另外对于我来说还非常幸运的是，那辆莫里斯 1000 型小货车的车头正好对着工厂大门口的方向，于是我爬上了汽车，磕磕碰碰地换上了挡，然后犹犹豫豫地出发了。我开车通过工厂的大门，朝着姆瓦兰桑兹驶去。我非常缓慢地开着车，安全地回到了家中。

姆瓦兰桑兹种植园中有很多私有道路，这些道路是红色的土路，上面布满了坑洼，并且被雨水冲得凹凸不平。路面在潮湿的时候被拖拉机轧出了很深的沟槽。所有这些对于我来说都成了有利的条件，因为我可以很慢地一边开车一边学习，而不会引起其他人的注意。在下雨天开车很困难，我用了很长时间才学会在汽车侧滑时掌握方向的技巧。我很快就有了足够的自信开车进出到处是人的工厂，然后我就将车开到了更远的地方 —— 通往俱乐部或裘罗镇小商店的公共道路。就是在这样的一次"远征"路上我被警察逮了个正着。

当时我正开车去食品杂货店，突然前面出现了一个警察设置的路障。警察检查了我的车，然后要我出示驾驶执照。我告诉他们我没有带。就像在英国一样，警察给了一个通知，让我在五日之内带着驾驶执照到警察局去。我推托了两天，然后给地区警察的总监打了一个电话，看看事情有多糟糕，以及警察是否可以不把我的这个愚蠢的事情声张出去。我当时并不乐观。

"阿兰？我是莫克塞姆。我不知道你还记不记得我，但是有人曾经在俱乐部引见过我们……"

"是的，当然。你怎么样？一切还顺利吗？"

"嗯，事实上，你手下的人在路上把我拦了下来，检查我的车辆，并且要求我出示驾照……"

他打断了我："我知道了。你是不是忘记办理更换驾照的手续了?"

"嗯,事实上我……"

他又一次打断了我："你并不是唯一这么做的人。赶快去补办手续。这一次我就不追究了,但下一次我可饶不了你了!"

我说道:"谢谢你,非常感谢。"但是他已经把电话挂了。

我立刻预约在布兰太尔参加驾驶考试。几天之后我独自开车进入小镇 —— 一路上小心翼翼地查看是否有警察设置的路障。到了镇上之后我将车停在了离警察局不远的地方,然后在车上挂上学习者的驾车牌照。英国的驾驶考试官员以严厉著称。我的考官将他的烟盒紧紧地塞在我的汽车后轮的下面,然后让我作坡道起步。他的那个烟盒没有受到损坏 —— 我通过了考试。没有人知道我无照驾驶这件蠢事。

我是在裘罗的体育俱乐部中认识警察总监的。这个俱乐部位于凯先生提供的在姆瓦兰桑兹种植园边缘的一块土地上。不幸的是,从我的房子没有直接通往这个俱乐部的道路,我只能从主路上绕道过去,到那里大约 5 公里的路程。考虑到这个俱乐部只有大约 100 名男女成员,它大得简直就像是一座宫殿。在这个现代的房子前面是一个用于在雨季举行橄榄球比赛、在旱季举行板球比赛的场地,还有几个网球场、一个吸烟室和一个很大的舞厅。但是俱乐部会员的大多数活动还是围绕着酒吧举行的。种植园主和他们的妻子都特别能喝酒,但是他们中间很少有真正的酒鬼。在这里,人们认为在太阳下山之前喝威士忌是一种可憎的行为,但是喝杜松子酒则完全没有问题。

所有的啤酒和烈性酒都是进口的，但是关税很低，因此这些酒比在英国要便宜得多。在这里只有我所不喜欢的泡沫很多的瓶装啤酒，因此我就养成了喝掺了大量水的杜松子酒或威士忌的习惯。在那里人们会一次买下好几巡酒，因此我不得不与那些多数曾在军队里练过多年酒量的种植园主喝一样多的酒。这种饮酒作乐一直要持续到深夜，而我们在早晨 5 点 30 分就要起床。在饮酒作乐之后，我通常在开始的时候并不会感觉到不适，但是当太阳越来越热的时候，我就会感到头晕恶心。在最初的几个月中，我曾在工作的时候以"察看茶树"为借口躲到茶园中呕吐过一两次。

乔治对我说："我不管你晚上喝了多少酒，你必须在早晨 6 点钟到达茶树园去检查你的工人。你可以穿着晚礼服到那里去，但是你必须准时。"

过了很长一段时间之后，我才真的穿着一件（时髦的白色）晚礼服上班去了，因为只有在舞会上人们才必须穿晚礼服，而舞会在我们那里又非常稀少。这与尼亚萨兰的首都松巴不同，在那里人们每个星期都穿着晚礼服去俱乐部看电影。尽管如此，在最初的几个月中我有两次由于在俱乐部中玩得太晚而几乎耽误了上班。但是另一方面，我从不独自在家的时候喝酒，因为有人警告过我那些在偏远的种植园中每天喝一瓶威士忌的种植园主的悲惨下场。

只有欧洲人才能够加入我们的俱乐部。但是有些印度的体育俱乐部经常会到我们这里来参加板球比赛。只有在俱乐部工作的黑人才能进入俱乐部，但是俱乐部的成员们已经开始讨论问题，那就是如果一名黑人被派遣到裘罗担任地区的副专员，我们应该怎么办？大多数成员都反对放松成员资格的条件。俱乐部只是在最近才允许意大利人加入，结果许多成员都认为这是一个错误，因为有人发现一位意大利会员在俱乐部的浴室内小便。

　　　　　茶：嗜好、开拓和帝国

在殖民地实施种族隔离的酒吧还很普遍。许多饭店都实行"仅对白人开放"的政策。有人告诉我，第一个进入布兰太尔市著名的里奥尔饭店酒吧的黑人是班达博士。具有讽刺意义的是，带班达去那个酒吧的是温斯顿·菲尔德——南罗德西亚白人农民组织的领袖。菲尔德与班达组成了一个反对联邦的同盟，因为他认为联邦会威胁到罗得西亚的白人统治。

在尼亚萨兰很少有受过良好教育的非洲人，殖民地政府严重忽视了黑人的教育问题。在这个人口为 300 万的国家中，只有 1 500 名非洲中学生，而在 10 年前则只有 140 名。（联邦政府为不到 1 万欧洲人口中的所有孩子提供了很好的学校。）那些在国外获得过学位或者同等资历的少数非洲人一般都在松巴或布兰太尔工作，他们很少与种植园主接触，因此种植园主认为非洲人都是文盲和下等人。种植园主对他的工人采取了一种家长式的态度，喜欢像英国乡绅一样行事。很少发生种植园主针对非洲工人的暴行。我曾经偶尔听到某个种植园主在发怒的时候用拳头打人的事件，但是从来没有发生过像在罗得西亚（现在的津巴布韦和赞比亚）所发生的那种系统殴打黑人的事情。大多数种植园主对非洲工人采取了居高临下的怜爱的态度，但是一些早期殖民者的后代则例外。他们认为自己是白色非洲人，并称非洲黑人尤其是那些寻求独立的非洲政治家为"摇滚猿猴"，而称非洲妇女为"丛林兔子"。

有一些种植园参与了更为开明的社会进程。在裘罗最引人注目的一个就是嘎迪纳家族拥有的恩奇玛种植园。虽然这个种植园的经理为他的工人建造了与其他种植园相比更好的宿舍，并为他们提供了其他附加福利，但是其他种植园主认为他的做法还是合理的。让他们感到恼火的是该种植园的主人罗尔夫·嘎迪纳，他们认为他对非洲人的同情已经达到了危险的程度。如果其他种植园也都效仿他的做法的话，那么就会给整个茶叶种植行业带来不必要的费用。他们谴责嘎迪纳出钱让一群非洲农民到他位于多塞特的种植园学习绿化和有机农业技术的做法是很荒唐的。有关他曾经与希特勒青年团有染的传言使他无法产生更广泛的影响，这些传言很可能有一定的真实的成分，但是有关他在多赛特—唐氏种植园将茶树种成"卐"图案的说法很可能不是事实。

我们很难了解非洲人对欧洲人的看法。当然，每当我问他们这个问题的时候，他们都会赞扬殖民统治，并嘲讽那些非洲民族主义者。但是我并不太相信他们所说的话。8月份的选举将会揭开真相。在非洲人中普遍存在对欧洲人的一种迷信的恐惧感，有时当非洲妇女看见我走近的时候会抱起她们的孩子跑到一边躲起来，当相邻的一个种植园主骑着马出现在我们的种植园中的时候更是如此。我的一个书记员笑着解释说，这是因为当地人相信一种叫做"奇夫瓦姆巴"的说法，即有些欧洲人或他们的马会吃非洲小孩。这种类似于西方的吸血鬼的迷信在非洲非常普遍，并且被一些居心不良的政客所利用。1953年的动乱的主要原因是土地权利，但是它的导火索却是发生在裘罗附近的一个橙子种植园中的一起"奇夫瓦姆巴"事件。两名在那里偷橙子的非洲人被当场抓住并被关在种植园中以等待警察的到来，但是他们在警察到来之前神秘地逃走了。一群当地人聚集在种植园周围，他们认为那两个偷橙子的非洲人被种植园主吃掉了。在随后发生的骚乱中有很多抗议者受伤，并且有11人死亡。

英国人在俱乐部或者其他公共场所谈论得最多的一个话题就是土地和政治权力。一场危机即将发生，其根源在于具有短暂历史的保护

领地制度，而其中心问题就是茶叶种植园。

英国在尼亚萨兰的利益始于传教士兼探险家戴维·利文斯通（David Livingstone）到达尼亚萨湖的 1859 年。在随后的 20 年中，英国教会在那里建立了传教团。1883 年富特上校被任命为尼亚萨湖附近地区的英国理事，为了防止葡萄牙人占领这片土地，英国人于 1889 年宣布尼亚萨湖南部的高地为英国的保护领地。1891 年这一保护领地的范围扩大到与后来的尼亚萨兰面积大致相同的领土，并称之为英属中非。1904 年这一领土被改名为尼亚萨兰。

最初在这里获得土地的英国人是传教士。这些土地通常是他们在向部落首领送礼之后由这些首领送给他们的。至于所送的礼物究竟是像这些传教士后来声称的那样是作为交换土地的货物，还是仅仅作为友谊的表示送给这些部落首领的，这一点谁也说不清了。这些土地——它们有的面积达数百英亩，甚至数千英亩——的法律地位不明确。另外，人们对这些部落首领是否有权永久性地剥夺其人民的土地这一问题也提出了质疑。尽管如此，最初那些传教士通常是善意的，而没有商业目的，因此很少会出现问题。

而随之而来的贸易公司和种植园主则不同，他们看到了廉价获得宝贵的农业用地的机会。其中最重要的一个公司就是在 1878 年成立的苏格兰公司——非洲湖泊公司（African Lakes Corporation）。这是一个有趣的"由十字架开路的贸易"的例子，因为这个公司与苏格兰传教团有着模糊的联系，其职员被要求从事一些传教工作。在其一个贸易站，他们勇敢地向那些受到阿拉伯奴隶贩子骚扰的非洲人提供避难所，这发展成为一场在英国国内广受关注的小型战争。这一事件以及阻止葡萄牙人扩张的愿望最终导致英国政府接管了这一领土。

虽然非洲湖泊公司参与了打击奴隶贸易的行动，但这并没有妨碍其员工对非洲人进行剥削。他们劝说不识字的非洲部落首领签署一些文件，并骗这些首领说这些文件只是让他们转让一些用于种植的土地，但实际上却使他们失去了大片土地。在 1885 年非洲湖泊公司与 41 个不同部落的首领签署了"条约"，它后来以此为根据声称对数百万英亩的土地拥有所有权。小公司和个人——他们几乎都是英国人——则用几米长的布匹或一些不值钱的小东西换取了大批的土地。

新保护领地的第一位专员哈利·约翰斯顿（Harry Johnston）爵士拒绝承认其中最无耻的一些有关土地权利的声称。他指出，在非洲湖泊公司提出的土地申请材料中："几乎没有一个文件不是通过欺诈的手段签署的。"但是非洲湖泊公司通过其在英国政府中的关系获得了 11 067 平方公里土地的完全保有权。另外还有 50 名英国人获得了总面积为 4 047 平方公里的土地。这个国家最适合种植作物、最肥沃的土地大多数位于南部的夏尔高地，其中的一半——大约 1 890 平方公里——被给予了英国企业家。咖啡被认为是可以带来回报的作物。

约翰·布坎南（John Buchanan）是马拉维咖啡种植业的先锋，他是一位专业的园艺师。在 1876 年被苏格兰教会派往位于夏尔高地的布兰太尔的传教团，负责发展园艺事业。两年之后布坎南安排人从爱丁堡皇家植物园送来了一些咖啡树幼苗，其中只有一棵成活，但是它长得很好。从这棵树上长出的 1 000 粒咖啡豆被种到了地里，1883 年，从这些咖啡树上收获了 1 600 磅咖啡。

与此同时，布兰太尔传教团中丑闻不断。这个传教团的一些成员卷入了与当地非洲人的冲突，并且行使了地方法官的权力。他们将一名非洲人判处死刑并枪毙了他，另外几名非洲人被鞭打致死。苏格兰教会最终对此事开展了调查并开除了那几个涉案人员，约翰·布坎南就是其中的一位。在他的指挥下，一名被怀疑有盗窃行为的非洲人被用犀牛皮做成的鞭子抽打致死。布坎南被教会开除后成了一名咖啡种植园主。

1880年，布坎南和他的几个兄弟仅用了一条29米长的白布、一支枪和两顶红帽子就换取了面积为12平方公里的米奇鲁种植园。他们在1889年生产了第一批用于出口的咖啡。同年，在夏尔高地拥有1 469平方公里土地的尤金·萨拉（Eugene Sharrer）以及非洲湖泊公司也开始种植咖啡。他们所生产的咖啡质量很好，于是其他种植园主也纷纷效仿。到了1900年，咖啡出口量已达到了200万磅。然而这是咖啡生产的高峰。随后发生的咖啡价格的暴跌以及越来越严重的病害问题毁掉了这一原本很有希望的作物，10年之后商业种植的咖啡已经完全消失了。

茶被引入非洲的方式几乎与咖啡相同。事实上，1878年爱丁堡皇家植物园在向非洲运送咖啡幼苗的同时，也运送了一棵茶树幼苗和一些其他植物，但是这棵茶树幼苗很快就死掉了。1886年，埃姆斯利大夫来到了位于尼亚萨湖北部利文斯通尼亚的苏格兰教会传教团，他带来了一些茶树种子，并将其送给了布兰太尔传教团的园丁乔纳森·邓肯。另一些种子来自克尤。邓肯用这几批种子培育出了两棵茶树，其中一棵至今仍然活着。他试图用这两棵成熟茶树上的叶子泡茶，但是泡出来的茶水味道不佳。

但是他的茶树并没有浪费。1891年，几乎被咖啡锈斑病毁掉的锡兰咖啡种植园的园主亨利·布朗来到了马拉维，并在姆兰杰山脚下获得了一些土地。他最初在那里种植了一些咖啡，但是当他在布兰太尔传教团看到那些茶树之后，就向他们要了20颗种子，因为他看到在锡兰种植茶叶非常成功，并且认为马拉维的气候和土壤与锡兰很相似。他将这些种子的一半种在了他的桑伍德种植园，另一半种在了附近的劳德戴尔种植园。茶树长得很好，于是其他种植园主也开始效仿他的做法。到了 19 世纪末已经有一些茶叶出口了。在姆兰杰西面 80 公里的另一个降雨量很多的临山地区——裴罗——也种植了茶树。就像在锡兰一样,咖啡种植业遇到的问题推动了茶叶种植业的发展。咖啡树病害迫使尼亚萨兰种植园主转而种植茶树。

到了 1922 年,希雷高原上这两个茶叶种植地区的茶叶产量达到了 80 万磅。到了 20 世纪 50 年代末,那里大约有 97 平方公里的茶园,每年生产 3 000 万磅茶叶,其中三分之二出口到英国。

约翰斯顿来马拉维建立保护领地的时候带来了一支小部队,这支由马奎尔上校带领的由 72 名印度人组成的部队很快就击败了多个阿拉伯武装贩奴团伙,这些胜利使得非洲人很希望与英国人订立条约。为了支付部队的费用以及其他行政费用,约翰斯顿坚持要那些希望得到保护的部落首领同意由英国人征收茅舍税。新政府从一开始就意识到这一税收可以促使非洲人到殖民者的种植园中工作,挣取工资。在 1901 年,政府将茅舍税增加了一倍,但是如果拥有茅舍的非洲人每年为欧洲人工作至少一个月的话,那么可以免除其一半的税额。欧洲殖民者通常会为整个村庄的人缴纳税款,然后在需要的时候要求他们为自己工作。

与在印度和锡兰不同,在马拉维的欧洲种植园主通常不为他们的工人建造宿舍,因此,为殖民者工作的非洲人通常要自己修建茅舍。这些茅舍往往都修建在殖民者私有的种植园中,因为这些殖民者获得了对大片土地的完全保有的权利。(那些"原始住户"都应该可以居住在这种土地上而不用支付任何租金。)然后这些殖民者向他们收取租金。非洲人往往不得不免费为殖民者工作一个月以支付租金和人头税。由于这些土地本来是属于非洲人的公共土地,并且从来就没有被欧洲人用于种植,因此这种做法引起了非洲人对欧洲人长久的积怨。在随后的几十年中殖民者千方百计地保留自己对这些未开发土地的权利，因为这可以使他们获得无偿的劳动力。具有讽刺意义的是，正是这一允许殖民者拥有未开发土地的政策阻碍了这个国家的发展，使之无法成为英国的一个主要的殖民地。

以劳动代替租金的制度被称为桑嘎塔（thangata），它于 1917 年被暂时废除，但是随后又被恢复，并且租金被提高到了两三个月的劳动。这个国家有 10% 的非洲人发现自己居住在欧洲殖民者的私有种植园中。在 20 世纪 40 年代，有数百名非洲人因拒绝交纳桑嘎塔而被赶出了他们的家园，这导致了非洲人中广泛的仇视殖民者的情绪，并且成为 1953 年裘罗骚乱的一个重要原因。

1954 年殖民大臣访问了尼亚萨兰。他不顾白人种植园主的反对，决定逐渐废除桑嘎塔制度。他加速了政府购买种植园中非洲人所居住的那些土地的计划。

土地和桑嘎塔对于种植园主来说是很情绪化的两个话题，但是他们中的许多人还是消极地接受了这一变化。然而真正激怒种植园主的还是在宪法领域发生的变革以及被他们视为欺骗行为的政府措施。

1953 年，尼亚萨兰与南罗得西亚和北罗得西亚组成联邦。尼亚萨兰是一个入不敷出的贫穷殖民地，英国政府认为将其与较为富裕的南北罗得西亚组成联邦将会使其获得经济利益。此外，这个国家中的殖民者认为这可以使他们有机会控制南罗得西亚，然后通过白人议会争取这一地区的自治地位。但是组建联邦的建议自从在 20 世纪 30 年代被提出来之后，就遭到了大多数尼亚萨兰人的反对。在整个 20 世纪 50 年代不断发生非洲人抗议联邦的示威。1958 年，在国外流亡了 43 年的哈斯廷斯·卡姆祖·班达博士回到尼亚萨兰领导反对联邦的运动，从而大大推动了这一运动。

班达博士在大型群众集会上的演讲使非洲人和欧洲人之间的矛盾更加激化。1959 年 2 月，主要是由于警察驱散政治集会所导致的多起骚乱造成了 71 名非洲人死亡。后来政府收到一条（从未被证实的）消息：班达和他的支持者正在策划一个大规模屠杀欧洲人和非洲"卖国贼"的阴谋，接着又发生了一连串的冲突。政府于 1959 年宣布进入紧急状态，并将班达博士和他的许多支持者关进南罗得西亚的监狱。

一份有关这些事件的英国司法报告称尼亚萨兰已经成为"一个警察国家"，这促使英国政府成立了一个皇家委员会，以考虑该联邦的前途问题。该委员会于 1960 年提交的报告建议满足尼亚萨兰的非洲人脱离联邦的要求。与此同时，英国政府在 1960 年 4 月从监狱中释放了班达博士并解除了紧急状态。新制定的宪法设立了一个立法委员会，在这个委员会中多数成员是通过选举产生的非洲人。真正的权力掌握在由总督担任主席的部长执行理事会手中，但是政府的一些部长由非洲人担任。尼亚萨兰将于 1961 年 8 月举行远比以前更为普遍的选举。

我到达尼亚萨兰的时候正好赶上这一场政治大风暴，当时我对这个国家的历史以及导致冲突的原因几乎一无所知，我只知道那时气氛非常紧张。与姆瓦兰桑兹种植园相邻的茶叶种植园的主人是马尔康·巴罗爵士，他曾是联邦内阁的一位部长，并且是茶叶种植园的非官方发言人。有人警告他，如果班达博士被从监狱中释放出来的话，那么就有 1 万人将会在暴乱中丧生。虽然这种情况尚未发生，但是许多种植园主都担心最坏的情况，他们特别害怕将于 8 月份举行的选举。

我当时已经吸收了很多殖民主义的价值观，因此反对在不久的

　　　　茶：嗜好、开拓和帝国

将来由非洲人执政。但是大多数种植园主都认为自己在这个国家中只是英国侨民，因此他们并不像那些曾经是联邦公民的殖民者那样担心班达博士在选举中大获全胜，而这些殖民者则对那些可以退回到切尔滕纳姆享受丰厚的退休金的英国侨民表示出不满和嘲讽的态度。然而几乎所有的欧洲人当时都非常激动，并且当非洲人在夜晚非法设置路障的时候他们都表达了反对民族主义的情绪。事实上，非洲民族主义运动的最大受害者是那些支持殖民主义和联邦的非洲人。这些"卖国贼"中有许多受到攻击，遭到暴打，甚至被杀死。

有一天深夜我在相邻的一个种植园主的房子里吃过晚饭后开车回家，当时正下着大雨。突然我看到路上躺着一棵桉树，于是我猛踩刹车，在即将撞到巨大的树干的那一刻将车停了下来。我刚刚喘了口气，我的汽车挡风玻璃就被一块飞过来的砖头砸得粉碎，接着另一块砖头砸在汽车顶篷上弹了出去。我急速倒车，开进了一个桉树种植园，在前车灯的照明下我看见一群人正从那里逃走。我驾车快速地穿过树林，回到了马路上，然后将车开回到家中。到家之后我喝下了一大杯威士忌。与此同时，相邻的一个种植园的主人在他的家中遭到抢劫和暴打。公司曾经发给我一把贝雷塔手枪，是为了从银行取款的时候用的。我养成了在睡觉时将这把手枪放在床边桌子上的习惯。我还很张扬地在我的草坪上每周进行一次打靶练习，并且枪法熟练到可以在 25 步以外的地方击中一个香烟盒。

除了那把手枪之外，我还买了一支二手步枪。我曾经用它来打野兔和珠鸡，以补充当地很少的肉食供应。我偶尔还会在姆瓦兰桑兹种植园中看到薮羚，但是我觉得它们太漂亮了，不忍心杀死它们。我喜欢观看非洲的各种鸟类 —— 寡妇鸟、太阳鸟、维达鸟、食蜂鸟和萝娜金丝雀，它们的色彩比英国的任何一种鸟都鲜艳。我还到种植园的水坝上去钓鱼，那里放养了黑鲈和可口的尼亚萨枪波鱼。每天晚上都有一大群我认为是野鸭的飞行动物飞过我的房子上空，直到我借来一把猎枪之后才发现它们其实是巨大的果蝠。

有一天夜晚，我在从工厂的办公室开车回家的路上发现我的汽车的前车灯照着一只野兔，当我转到弯路上的时候，一只花豹突然伸出爪子，将这只野兔抓走了。第二个星期，我在早晨工作后回到家中吃早饭，结果发现在餐厅里有一只得了狂犬病的狗。它显示出狂犬病的所有典型的症状：嘴里流着口水，还不断地咬着假想中的苍蝇。我慢慢地挪动着身体走出了餐厅，然后拿起猎枪将它打死了。我觉得应该让兽医来查看一下这只死狗，于是就戴上保护性手套，将它挂在了一棵树上，以免被其他动物叼走。那天晚上我在俱乐部见到了兽医并让他第二天过去看一下那只狗。然而那天晚上我发现那只狗不见了，它很可能被一只花豹给叼走了，而那只花豹很可能已经被传染了狂犬病。那个兽医用一句言简意赅的话概括了我的行为："莫克塞姆，你是个该死的蠢货！"

当地的气温很少高于 32 摄氏度，但是湿度相当大，因此人们感觉很热。这个地方的纬度和高度意味着阳光中充满了紫外线。如果没有保护措施的话，一个刚到这里的白人在不到一个小时的时间内就会被严重晒伤。我在初到这里的几个月中就经常被晒伤，并且身上总是涂着防晒霜。但是更为严重的是"茶伤"。茶树每隔几年就要进行一次大幅度的修剪，在修剪之后，茶树的下部就会出现许多很尖锐的树枝。虽然我进入茶树园的时候总是穿着一直覆盖到膝盖部位的长袜，但是我的双腿还是被修剪过的树枝剐得伤痕累累。当地潮湿的气候不利于伤口愈合，因此发炎的伤口上总是涂着药膏。当地人一看到我这个样子就知道我是新来的。

当我向别人作自我介绍的时候，我的名字总是会把对方吓一跳，他们听到这个名字之后会不由自主地往后退缩。

我赶紧解释说："我的名字是莫克塞姆——m-o-x-h-a-m。我和莫克森（Moxon）没有关系。"

莫克森少校曾经在殖民地引起过轰动。他是一位小种植园主，因为其抗议人头税的行为而出了名。他认为人头税的制度——欧洲人每年缴纳 4 英镑的人头税，而非洲人只需每年缴纳 1.5 英镑——是对欧洲人的歧视。为了表示抗议，他将支付税款的支票写在一头小猪的背上，然后在纳税的最后期限——星期六上午很晚的时候——将它送到地区专员那里。地区专员毫不在乎地接受了这一写在猪身上的支票，并用绳子把猪牵到附近的银行。银行对这一特殊的支票办理了手续，然后在猪身上盖上了"已支付"的章。接着就产生了一个问题：在那个时代银行要把已支付的支票返还给支票的签发人：由于当时银行马上就要关门，因此无法当日将其返还，银行的一些年轻的英国职员自告奋勇将这头小猪带回他们的宿舍饲养，准备在下周一再返还给莫克森。不幸的是，随后这只小猪被他们养的狗咬死了。结果让莫克森感到非常恼火的是，他只得到了一张那头死猪的照片。一名银行的职员告诉我说，那头小猪的肉味道好极了。

人们都认为莫克森是个性格古怪但很有趣的人，然而最近他做的事情有点儿太出格了。有人告诉我，他抛弃了自己的老婆和孩子，与他家的黑人保姆私奔了，这在英国社会中是完全不能被接受的行为，因此他后来离开了这个国家。难怪我刚来到这里的时候人们都用怀疑的眼光看着我呢。

在雨季开始的时候茶树以非凡的活力不断地绽出新芽，所有的植物都在苗壮成长。我曾经测量过一棵蓖麻的生长速度：每天达到

12.5厘米。即使我们等到一芽两叶完全长成之后才采摘新茶——否则产量就会降低，茶园也必须每隔五天就采摘一次。加工厂必须日夜运转才能够跟得上茶叶收获的速度。

我有意将工人每天的采摘"任务"规定得很低，这样他们就有获得更高的工资的机会。我之所以采取这种看上去不正常的做法，是因为我们一直存在劳动力短缺的问题。极为充沛的降雨不仅对茶树生长极为有利，而且也对非洲人自己的作物——玉米、豆类和花生——的生长非常有利。种植园的大多数工人都有他们自己的小块庄稼地，他们要优先照料自己的庄稼。即使是那些快要完成30天工作量，即将拿到工资的工人，也不愿意将自己所有的时间用于种植园的工作。采茶并不是我们唯一要担心的事情，因为茶园中的杂草生长得很快，而我仍然在处理在我到来之前的一起罢工所遗留下来的问题。我后来发现那次罢工是上一任经理将工人每天的工作任务定得过高而导致的。我总是在预算允许的范围内尽量将工人每天的规定工作量定得低一些，因为我们已经禁不起再一次罢工的打击了。

我想方设法增加在星期天工作的工人数量。在星期天，工人下午两点钟就结束工作，并且在当天就可以拿到工资，而不管他们是否完成了30天的工作量。

我通过支付较高的工资的办法吸引附近的种植园的工人星期天到我这里来工作。我尽量不把这件事情做得太过分，以免与附近的其他种植园主发生矛盾。当其他种植园主在俱乐部就此事质问我的时候，我以自己初来乍到，不了解工人"恰当"的工资水准为由替自己辩护。我的这一计谋获得了成功。在有些星期天，在我的种植园中的劳动力——包括男人、女人和儿童——超过了1 000人。

最初我的种植园的劳动力来自附近的村庄，其中有些人生活在我们的土地上，这些居民到这里来工作是为了支付他们的桑嘎塔租金。在过去的 10 年中，随着政府逐渐推行强制性地购买土地并把它们给予非洲人的政策，这一劳动力的来源慢慢消失了。尽管如此，许多非洲人仍然每年为我们工作一段时间，因为他们仍然需要交纳人头税，并且这一税率最近还被提高了。其他更为稳定的工人居住在种植园提供的宿舍中。在我们茶园的边上整齐地排列着 150 座铺有茅草顶的白房子，房子的条件非常简陋——根据住户家庭的大小有一到两个房间，但是它们都很干净，并且保护得很好。这些房子都有户外茅厕和生活用水，这些条件与工人自己村庄中的住房条件很相似。

虽然我们在周末的时候总是有超过 500 名工人，但是人手还不够。乔治派人开着大卡车到葡萄牙所属的东部非洲，以优厚的现金预付工资吸引工人到我们的种植园工作。这一方法很管用，但是由于种植园缺乏足够的宿舍而受到了限制。尽管有些新招来的工人愿意在繁忙的采摘季节和其他工人挤在一个房子中，但这仍然无法解决宿舍短缺的问题。

雨季于 4 月份结束，到了那个时候茶树绽发新芽的速度已经减缓了——它们似乎在经过几个月的迅速生长之后已经耗尽了精力。当我们进入南半球的冬季之后，天气逐渐转凉，在夜晚尤其如此。采摘周期从 5 天延长到 7 天，然后又延长到了 10 天。种植园的劳动力稳定在 500 人左右，星期天工作也结束了。

如果仅从降雨量上看的话，世界上大多数茶叶种植园主都会认为裘罗地区根本不适合种植茶树。降雨在 4 月份结束，直到 11 月份才会重新开始。如果没有奇佩隆（浓雾）气候的话，这六个月的干季对于茶树来说是致命的。奇佩隆（Chiperone）——在奇切瓦语中是"毯子"的意思——气候出现在冬季温度最低的时期，也就是6、7两个月份——在有的年份持续的时间会长一些。在这一段时期这个地区经常会连续数日笼罩在浓雾之中。虽然降雨量很少，但是这些浓雾足以使植物控制水分流失。奇佩隆在夜间尤其浓重，随着气温降低，雾中的水分凝结，使所有的东西上都挂满了露珠。到了天亮的时候，所有的茶树都湿透了。即使在有太阳的日子里，茶树叶子在上午的大部分时候都是湿的。在夜间，浓雾使驾驶车辆几乎成了不可能的事情，有好几次我在夜间开车都偏离了道路，将车开进了树林之中。即使在白天，我也可以看见浓雾从打开的窗户进入室内，像毯子一样顺着窗沿翻滚着垂到地板上。

早上在浓雾中工作是一件非常不愉快的事情。在沿着密集的茶树行走的时候，我们全身的衣服都湿透了。茶树被修剪得十分尖锐的树枝使得我们无法对下半身采取防水措施，因此我们总是又冷又湿。通常我会向工人提供一顿由红豆和玉米面粥——尼亚萨人的主食——构成的免费午餐，而在有浓雾的季节，我还会为他们提供充足的茶水。这种茶水被装在专为庞大的劳动大军准备的、容量为180升的油桶里面，每桶茶水中加入20磅的食糖。

在雨季结束后，对茶树的修剪工作就开始了。这是一项技术性很强的工作，通常由在种植园工作多年的男人从事，并且工资也比其他工作要高。修剪茶树用的木柄剪刀是弯曲的，有30厘米长，非常锋利。在姆瓦兰桑兹树龄最小的茶树是四年前种植的，这些茶树已经在两年前修剪过一次了。在那次修剪中，它们被从水平方向修剪成了高度为45厘米的矮树。在第二年就可以对它们进行第一次采摘了。茶树的树枝会向各个方向生长，我们将它们的高度修剪到75厘米，这样第二年树枝会横向延伸，直到与邻近的茶树连成一片。成熟的茶树也需要在某些年份进行修剪，以促进新芽生长，防止产量下降。

种植园主们在什么时候以及如何进行修剪方面有着非常不同的意见，并且经常为此开展激烈的争论。在萨特姆瓦，我们通常每隔两年对成熟的茶树修剪一次——也就是说，每隔四年进行一次大幅度的修剪，在每次大幅度修剪两年之后进行一次小幅度的修剪。大幅度修剪之后的茶树只剩下了一副骨架，但是其庞大的根系很快就使这种本来应该长得很高大的树木又变得枝繁叶茂了。

在8月份浓雾逐渐消失，天气越来越暖和。在随后的三个月中每天都是晴天，温度越来越高。最初这种气候非常宜人，在经过了连续两个多月的阴冷潮湿的浓雾天气之后，再次享受到阳光是一件美妙的事情。空气十分清新；各种植物在经过雨水和浓雾的清洗之后变得青翠欲滴。但是天气很快就变得炎热难耐了。绿草枯黄，大地被笼罩在尘土之中，天空也因此成为乳白色。

这本来应该是一个空闲的季节，但是在我来到这里的最初几个月中，一直待在欧洲的凯先生决定扩大姆瓦兰桑兹的茶树种植面积。在萨特姆瓦的苗圃中有充足的茶树幼苗，但是在凯先生作出这一决定之前我们一直在犹豫是不是要把它们种到地里去。这一拖延导致了不良后果，因为这意味着我们没有充足的时间为种植茶树准备土地。在尼亚萨兰，茶树的病虫害很少，它们所面临的唯一严重问题就是树根真菌感染，这种真菌来自未被清除干净的腐烂的树根。如果我们在开垦土地之前一两年在将要砍伐的树木的树干上剥掉一圈树皮的话，那么就可以大大减少茶树受树根真菌侵害的危险。但是我们却没有做这一项工作。另外，由于尼亚萨兰的旱季非常漫长，因此这里生长的茶树的根扎得很深，其主根可能会延伸到地下6米的地方。我们必须确保在种植茶树的土地下面 6 米的地方没有腐烂的树根。

砍伐树木比较容易，因为我们选择开垦的土地上虽然也生长着一些大树，但主要是灌木，而不是高大浓密的树林。我们没有动力工具，但是工人们用斧子伐树的本领很高，因此我们在几个星期内就砍掉 8 公顷土地上的所有树木。然后真正艰苦的工作开始了。男女工人必须挖出巨大的树桩和深达 6 米的树根。这项本来就很艰苦的工作由于日益强烈的阳光照射而变得更加艰苦了。有些树木被劈成木板和柴火，其他的则被就地烧掉，因为树木的灰烬中含有对茶树生长有利的钾元素。我们将挖树根留下的大坑填上，然后就等待雨季开始的时候种植茶树了。由于当地的土地非常平坦，因此我们就将茶树幼苗按照 1.2 米 × 1.2 米的间距成排地种在地里。

用这种方法我们在 8 公顷的土地上种植了 54 450 棵茶树幼苗。这些树苗已经有两年树龄了，并且长了相当长的主根。它们需要被种在面积为 40 平方厘米、深度为 20 厘米的坑中。那个地方泥土很坚硬，工人们将铁镐头装在一根很沉重的木杆上，然后反复往泥土中刨。虽然依靠这一工具可以省很多力气，但这项工作还是非常费力。工人们还要用手将挖松的泥土从坑中捧出来，堆在一边。这项工作主要由妇女来做，因为这种方法与她们在家里舂米的方法很相似。这项工作非常艰巨。我经常看见工人们在早晨 4 点 30 分就开始在地里干活了，因为他们希望在天气变得太热之前完成工作。

我们还需要准备其他的种植工作。许多茶园需要"补种"，即填补一些死去的茶树所留下的空缺。我们必须使整个茶园完全被茶树所覆盖，否则的话，不仅花很高成本开发的土地得不到充分的利用，而且还会导致杂草蔓延和土壤流失。在状况良好的茶园中，雨水的侵蚀作用得到缓解，土壤流失很少。我们从路面的高度可以看到，在有些年头的茶园中，修剪下来的枝叶和死去的叶子逐年堆积在地面

　　　　　　茶：嗜好、开拓和帝国

上，从而使这些茶园的高度比刚开始种植的时候上升了十几厘米。

在一些茶园中有少数茶树是中国品种的小叶茶树，而其他茶园里种的则是阿萨姆品种的大叶茶树。在裘罗地区较为炎热的气候条件下，阿萨姆茶树的生长情况要比中国茶树好得多，每英亩产量可达2 000磅。最终我们希望将所有的中国茶树拔掉，将这些茶园改种阿萨姆茶树。但是这样做的成本很高，因为我们必须将这些茶树很长的主根全部挖出，以防止根部真菌蔓延。而与此同时，我们还有足够多余的土地，因此开垦新的土地要比改造旧茶园更为划算。

麦克莱恩·凯先生不时会到我们新开垦的茶园中视察。他开着一辆庞大的美国老爷汽车，以蜗牛一样的速度在种植园中行进。他似乎对我们的进展感到十分满意。

他说道："我将种植园的经理分为两种类型：节省型和花钱型。当我要开垦新的种植园的时候，节省型的经理是毫无用处的，因为他们一心只想着省钱，结果往往一事无成。我看你就是一位花钱型的经理，因此我将告诉乔治，让你建立一个自己的苗圃，再种植40公顷茶树。"

听到这话之后我非常兴奋，感到自己有望拿到额外的奖金了，于是赶忙回答说："非常感谢您的夸奖，先生。"

在开着那辆硕大的老爷车慢腾腾地离开的时候，他回过头来笑着对我说："别客气。当然，在所有的土地都种上茶树之后，我最好还是辞掉花钱型的经理，换上一个吝啬的苏格兰人。"

我们开垦了1.2公顷土地，用来建立一个巨大的苗圃。苗圃里面是一排排精心耕作的苗床，用来培育25万棵茶树幼苗。在萨特姆瓦种植园中只有少数几棵高达9米的老茶树能够生产种子，因此我们必须到专门提供茶树种子的种植园中去订购种子。种子将于雨季到来之前送到。姆兰杰茶叶研究站正在积极开展茶叶繁殖的研究工作，我们在一个开放日参观了这个研究站。他们通过插枝繁殖茶树的技术给我们留下了深刻的印象。虽然这一技术还需要进一步改进才能够达到商业运作的规模，但是我们都确信，茶树的无性繁殖的方法最终将取代种子繁殖的方法。

那年 8 月份最重要的事件就是选举。考虑到尼亚萨兰最近的历史，我们中的大多数人都预料届时将发生麻烦。在 7 月份就曾经发生过一些暴力事件，在这些事件中，班达博士的一些支持者烧毁了属于联合联邦党成员的房子。但是班达博士决心确保 8 月份的选举在和平的气氛中举行。在选举前一个星期，他下令非洲人停止一切酒类的生产和消费，而他的青年团奉命销毁一切违反这一禁令生产或销售的酒类。选举在 8 月 15 日举行。班达博士告诉选民，他们有两个选择："留在联邦中做奴隶，或者退出联邦，取得自由和独立。"

因为正规的警察都到投票站去维持秩序了，我应殖民警察后备组织的要求到裘罗警察局帮忙。选民在政府的办公楼和投票站前排起了长队，其中有很多人很显然整个晚上都是在选举站外宿营的。大街上安静得让人感到有些恐怖。班达博士想让英国人看到，他可以有效地控制这个国家。任何人只要说话声音大一点儿都会遭到青年团员的殴打。当天没有发生任何麻烦，我在警察局过得非常无聊。

在最为重要的下院选举中，选民的参选率为 95%。班达博士领导的马拉维大会党取得了 99% 的选票以及所有的 20 个席位。即使在很小的上院的选举中，马拉维大会党也获得了两个席位，而联合联邦党则获得了 5 个席位。班达博士得到了最为重要的自然资源和地方政府部部长的职位，而他的同事们则获得了另外 7 个部长的职位。新部

茶：嗜好、开拓和帝国

长们宣布将扩大地方政府选举中的选民范围，并取消对于使用非洲落后的农业方法的农民的惩罚措施，改为采用劝说的方法。除此之外，新政府没有采取其他激进的新措施。政府的更迭没有带来革命，因为根据新宪法，总督仍然具有最终的控制权。无论如何，班达希望保持一个温和的形象，以便使自己要求这个国家独立的论点更具说服力。我注意到种植园的工人们在发生纠纷的时候不再来找我，而是到马拉维大会党的官员那里去解决了。我见证了一个具有悠久历史的老传统的终结。

9月份天气变得越来越热。在白天我的衬衫的背部总是被汗水浸得湿透，在夜晚很难入睡。所幸的是，可以采摘的茶叶很少，即使茶园中的杂草也奄奄一息了。但是我们还有一些淡季的工作要做：将硫酸铵撒在茶树的根部等待雨季到来；为工人宿舍重新粉刷墙壁，并用茅草重新铺盖屋顶；维护道路和桥梁。尽管如此，这段时期的工作比采茶旺季要少得多，我们实行了每星期四个工作日的制度。

在9月中旬，我将种植园交给乔治管理，自己则开始了为期两周的休假。我与另外几名单身种植园主一起开车前往尼亚萨湖边上的麦克利尔角。当时正是我22岁的生日，因此我们在宗巴和约翰逊要塞停了下来，前往酒吧庆贺。因为尼亚萨湖的地势比裘罗要低460米，所以那里的天气很热。尼亚萨湖漂亮极了，湖水很深，十分清澈，并且还有许多浑身发着蓝光的鱼在里面游来游去。我们入住的那个位于湖边岬角上的旅馆是专门为服务于帝国航空公司的巨大的水上飞机航班而修建的。这些水上飞机在往返于南安普敦和开普敦的途中就在这里过夜。这个旅馆的老板娘是一个怪僻的寡妇，她喜欢将装有她丈夫骨灰的罐子放在柜台上，以显示自己的身份。我们在湖中游泳、驾驶帆船，在酒吧中饮酒作乐，与一些护士调情，并且大声喧哗，最后心神爽快地离开了那里。

作为我的生日礼物，我母亲给我寄来了一本烹饪书。我当时已经对厨师阿里一成不变的"校餐"感到厌倦了。通常每餐都是一荤两素三道菜，偶尔会有一顿辣椒鸡或咖喱鸡。我将那本烹饪书给了阿里，而他则满腔热情地尝试起了现代烹饪。我意识到我过去小看了他的烹饪水平。他以前曾经给多名种植园主做过厨师，他为我烹饪一些他们所喜欢的并且他认为我也会喜欢的食物。我在这本新的烹饪书中看到了一种奇特的布丁做法，煞费苦心地为他将其翻译成奇切瓦语。当我完成翻译之后，他说道：

"哦，原来你喜欢蛋白牛奶酥啊！你喜欢在里面加白兰地吗？"

原来他曾经在南非一个时尚的饭店里工作过很多年。从此之后我的伙食有了很大的改善，我因此也给他涨了工资。

10 月是一个致命的月份，在裘罗地区大多数野草都会起火，天空中充满了烟雾。有些云块在一天中最热的时候会堆积起来，但是在下午又消散了。人们的脾气变得暴躁起来，在俱乐部中，人们会为了斯诺克球台上的球是否摆放正确之类的小事而发生激烈的争吵。每个人都会喝很多的酒。

在 11 月的时候终于下雨了。在第一次暴雨到来的时候，我从办公室跑到外面，有意将自己淋得浑身湿透。潮湿泥土的气味美妙极了。

一个星期之后，整个大地都变得郁郁葱葱、生机勃勃了。天空又变得如此清澈透明，以至于我可以看见将近 50 公里之外的姆兰杰山上飞流而下的瀑布。我们将茶树幼苗种进了事先挖好的坑中，到了月中茶树都绽出了新芽。我们又恢复了每周六个工作日的制度。裘罗最大的年度社交活动——种植园主舞会——举办得非常成功。警察乐队由于喝醉了酒，他们演奏的曲子都跑了调，但是没有人在乎。我在早晨5点30分歪歪扭扭地开着车回到了家中。

12月份种植园进入了高速运转的时期，我们又实施了星期天工作的制度。这是一场与持续不断地生长着的杂草和茶叶争分夺秒的竞赛。种植园中的劳动大军扩大到了700人。我又开始匆匆忙忙地在种植园中东奔西走，一边走一边数着工人，以尽量减少那些书记员虚报的人数。我经常为了核对账目而一直工作到深夜。尽管如此，在这一段时间我的生活也并没有完全被工作所占据，圣诞节就要到来了，有许多晚会可以参加。

平安夜是星期天。我们像往常一样在早上6点钟开始工作，但是在中午就收工了。我给工人发了圣诞礼物，并给了工头长尤图姆一只鸡，以感谢他对我的帮助。我在警察总监的家里喝了一些酒，回到家中小睡一会儿，然后就去俱乐部与一个女子足球队比赛。我在午夜到来之前离开俱乐部，前往凯先生的私人教堂参加午夜弥撒，然后留在那里与凯先生和他的太太一起喝酒。我在凌晨两点钟回到家里。在圣诞节上午我还是从6点工作到12点，然后前往邻近的一个种植园的园主家吃圣诞主餐——一顿备有各种配料的丰盛的火鸡大餐以及三份圣诞布丁。在此之后我本来还应该到乔治家去做客，但是却未能赴约。我后来告诉他，这是因为当时我喝酒太多，无法开车的缘故。他不太相信地看了我一眼，但是很快就原谅了我。

从乔治的态度上可以看出，他对我在茶叶种植园的第一年的工作很满意。在1月份，也就是我来到尼亚萨兰刚好一周年的那个星期，我和一些工人就锄草的工作任务发生了争执。我为他们规定的工作任务是每天为100行茶树锄草，有些女工认为这个工作量定得太高了。她们威胁要找新成立的种植园和农业工人全国联盟来解决这一纠纷。为了解决这一问题，我拿起了一把锄头，开始为一行茶树锄草。这一工作并不轻松，我的手掌上后来起了泡。但是我还是坚持干了下去，并在中午之前就完成了我所规定的日工作量。事实上，这一工作量并不是很高，这些女工只是想利用当时那种紧张的政治气氛少做点儿工作。我干的活给她们留下了深刻的印象，她们心服口服地接受了这一工作量。乔治也对我的工作方法非常欣赏，他说："上帝！罗伊，你可以参加我们的廓尔喀部队①了。"

在种植园工作的第一年我过得非常愉快。我对这个美丽的国家以及在这里的工作和生活的满意程度都远远超出了自己的期望。我还得到了 100 英镑的奖金。尽管如此，当时尼亚萨兰正处于一个"山雨欲来风满楼"的时期：工会为了工作问题而威胁要举行罢工；英国

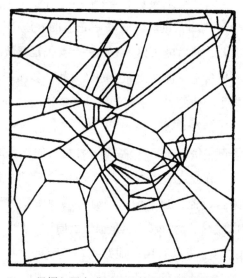

一只摄入了咖啡因的蜘蛛所织出的蛛网

---

① 英国的廓尔喀部队是由来自尼泊尔山区的廓尔喀人和英国陆军联合组成，以其纪律严明、英勇善战而闻名于世。——译者注

茶：嗜好、开拓和帝国

政府刚刚宣布，它将派英联邦关系大臣前往尼亚萨兰讨论联邦未来的命运；英国政府甚至考虑给予尼亚萨兰完全独立。这让种植园主们感到恼火。在地方的报纸上刊登了一则有关钱嘎塔酋长的讣告。这位老酋长在尼亚萨兰成为殖民地之前就开始统治裘罗山区了，他做了几十年的酋长，并且以其祈雨的本领而著名。仅仅在一年前他还通过祈雨缓解了当地的旱情。似乎一切都在变化之中。这个国家正面临着未知的命运，而我也一样。

茶叶的种类和等级

绿茶   未发酵的茶。在加工过程中首先通过烘烤杀死茶叶中的酶，从而防止茶叶发酵（氧化）变黑。

红茶   发酵的茶。在加工过程中促进茶叶发酵，使之变黑。然后再进行烘烤。

半发酵茶   通过在烘烤之前让其部分发酵制作而成的茶叶。

自从英国人第一次进口茶叶以来，茶叶的等级标准发生了很大的变化。最初进口的中国茶叶的等级划分得非常粗略，这些等级往往是以茶叶的产地命名的。它们包括：

松萝茶   用野生或半野生茶树的叶子加工而成的茶叶。

屯溪茶   高品质的松萝茶。

熙春茶   用人工种植的茶树叶子加工而成的茶叶。雨前茶是用初次绽发的新芽加工而成的高级茶叶，而皮茶则是茶叶渣滓。

珠茶   卷得很紧、看上去像铅弹的小叶绿茶。

武夷茶   粗糙的红茶。

功夫茶   高品质的红茶。

小种茶   高级功夫茶。

白毫茶　　　　用带有细白毫毛的嫩叶加工而成的非常高级的
　　　　　　　红茶。

最初在印度生产的茶叶使用旧的中国等级名称，如"阿萨姆熙春茶"。在 19 世纪后期红茶在英国成为主流，于是出现了一种新的茶叶分级体系。这种体系将茶叶分为整叶茶和碎叶茶：

整叶茶

橙白毫　　　　长细叶。

白毫　　　　　较短的细叶。

小种　　　　　宽叶。

碎叶茶（按叶片从大到小排列）

碎橙白毫

碎白毫

碎叶白毫小种

碎橙白毫片

茶粉

另外，以上这些茶叶等级中品质较高并且含有很多嫩芽或"尖"的品种，在其名称前面还会加上一个"花"作为前缀，如"花碎橙白毫"。有时这种茶叶也被称为"金色"或"尖"，或两者并用。这些等级名称如今仍然适用于散茶。目前在生产一般袋泡茶的茶叶贸易中使用了一种根据叶子大小进行分级的更为简单的方法。

现在已经很普遍的特殊茶叶往往带有著名产茶地区的名称，如阿萨姆、大吉岭和肯尼亚。其他名称包括：

格雷伯爵茶　　　　　加入佛手柑油调味的优质混合红茶。据
　　　　　　　　　　称这种茶叶最初是在 17 世纪 30 年代送

	给格雷伯爵的。
茉莉花茶	加入茉莉花的中国绿茶。
祁门茶	产于中国东部安徽省的优质红茶。
拉普山小种茶	带有松烟味道的小种红茶。
乌龙茶	半发酵的中国茶。
包种茶	加入玫瑰等花的花瓣的中国茶。
俄罗斯商队茶	略带烟味、味道浓厚的中国红茶。
云南茶	产于中国西部云南省的一种红茶。

　　　　　　　茶：嗜好、开拓和帝国

主要参考书目

H. A. Antrobus, *A History of the Assam Company*, *1839 — 1953* (Edinburgh: Constable, 1957)

Samuel Baildon, *The Tea Industry in india* (London: Allen, 1882)

Colin Baker, *Seeds of Trouble: Government Policy and Land Rights in Nyasaland*, *1946 — 1964* (London: British Academic Press, 1993)

George Barker. *A Tea Planter's Life in Assam* (Calcutta: Thacker, Spink, 1884)

H. K. Barpujari, *Assam in the Days of the Company*, *1826 — 1858* (Gauhati: Lawyer's Book Stall, 1963)

Rana P. Behal and Prabhu P. Mohapatra, "Tea and Money versus Human Life" in *Plantations*, *Proletarians and Peasants in Colonial Asia* (London: Frank Cass, 1992)

Zhang Binglun, "Tea", in *Ancient China's Technology and Science* (Beijing: Foreign Languages Press, 1983)

John Blofeld, *The Chinese Art of Tea* (London: Allen & Unwin, 1985) Edward Bramah, *Tea & Coffee* (London: Hutchinson, 1972)

C. A. Bruce, *Report on the Manufacture of Tea* (Edinburgh: Adam & Charles Black, 1840)

H. W. Cave, *Golden Tips* (London: Low, Marston, 1900)

K. N. Chaudhuri, *The Trading World of Asia and the English East India Company*, *1660 — 1760* (Cambridge: Cambridge U. P. , 1978)

Maurice Corina, *Pile it High. Sell it Cheap* (London: Weidenfeld & Nicolson, 1971)

Sir Henry Cotton, *India and Home Memories* (London: Fisher, Unwin, 1911)

David Crole, *Tea* (London: Crosby Lockwood, 1897)

A. J. Dash, *Bengal District Gazeteers—Darjeeling* (Alipore, Bengal: 1947)

K. M. De Silva, *A History of Sri Lanka* (London: Hurst, 1981)

Stephen Dowell, *A History of Taxation and Taxes in England* (London: Longmans, Green, 1888)

Sir Frederick Morton Eden, *The State of the Poor* (London: J. Davis for B. and J. White, 1797)

J. C. Evans, *Tea in China* (New York; London: Greenwood Press, 1992)

John K. , Fairbank, *The Cambridge History of China*, vol. 10, part 1 (London: Cambridge U. P. , 1978)

Peter Ward Fay, *The Opium War, 1840 — 1842* (New York: Norton, 1976)

Denys Forrest, *Tea for the British* (London: Chatto & Windus, 1973)

Denys Forrest, *A Hundred Years of Ceylon Tea, 1867 — 1967* (London: Chatto & Windus, 1967)

Robert Fortune, *Two Visits to the Tea Countries of China and the British Tea Plantations in the Himalayas* (London: John Murray, 1853)

Sir Edward Gait, *A History of Assam* (Calcutta: Thacker, Spink, 1926)

Sir Percival Griffiths, *The History of the Indian Tea Industry* (London: Weidenfeld & Nicolson, 1967)

W. S. Griswold, *The Boston Tea Party.* (Tunbridge Wells: Abacus, 1973)

A. B. Guha, *Planter-Raj to Swaraj* (Delhi: Indian Council of Historical Research, 1977)

Ranajit Das Gupta, "Plantation Labour in Colonial India" in *Plantations, Proletarians and Peasants in Colonial Asia* (London: Frank Cass, 1922)

V. M. Hamilton and S. M. Fasson, *Scenes in Ceylon* (London: Chapman & hall, 1881)

Jonas Hanway, *An Essay on Tea* (London: H. Woodfall, 1756)

Henry Hobhouse, *Seeds of Change* (London: Macmillan, 1992)

Sir Joseph Hooker, *Himalayan Journals* (London: Ward, Lock, 1905)

M. M. Inamdar, *Bombay GPO* (Hubli, Kamataka: Philatelic Association, 1988)

Sir Harry Johnston, *British Central Africa* (London: Methuen, 1897)

B. W. Labaree, *The Boston Tea Party.* (London: Oxford U. P. , 1964)

Bryant Lillywhite, *London Coffee Houses* (London: George Allen & Unwin, 1963)

Oscar Lindgren, *The Trials of a Planter* (Kalimpong: Lindgren, 1933)

Jan Huygen van Linschoten, *Discours of Voyages into y East & West Indies* (London: 1598)

H. H. Mann, *The Early History of the Tea Industry in North-East India* (1918)

W. Milbum, *Oriental Commerce* (London: Black, Parry, 1813)

P. D. Millie, *Thirty Years Ago: Or Reminiscences of the Early Days of Coffee Planting in Ceylon* (Colombo: Ferguson, 1878)

H. B. Morse, *The Chronicles of the East India Company Trading to China 1635 — 1834* (London: Oxford U. P. , 1926)

Hoh-cheung Mui and Loma H. Mui, *Shops and Shopkeeping in Eishteenth-Century England* (Kingston, Ontario: McGill-Queen's U. P. , 1989)

Hoh-cheung Mui and Lorna H. Mui, "Smuggling and the British Tea Trade before 1784", *American Historical Review*, 74 (1) (1968), 44 — 73

R. B. Nye and J. E. Morpurgo. *The History of the United States* (London: Penguin, 1964)

B. Pachai, *Land and Politics in Malawi, 1875 — 1975* (Kingston, Ontario: Limestone Press, 1978)

B. Pachai, *Malawi: The History of the Nation* (London: Longman, 1973)

Simon Paulli, *A Treatise on Tobacco, Tea, Coffee, and Chocolate* translated by Dr James (London: T. Osborne, 1746)

Patrick Peebles, *Sri Lanka: A Handbook of Historical Statistics* (Boston, Mass: G. K. Hall, 1982)

Jane Pettigrew, *A Social History of Tea* (London: National Trust, 2001)

R. K. Renford, *The Non-Official British in India to 1920* (Delhi: Oxford U. P. , 1987)

G. B. Ramusio, *Navigazioni e Viaggi* (Amsterdam: Theatrum Orbis Terra rum. 1967 — 1970)

W. A. Sabonadière, *The Coffee Planter of Ceylon* (Guernsey: Mackenzie, Son & Le Patourel, 1866)

J. Sainsbury Ltd, *JS 100*: *The Story of Sainsbury's* (London: Sainsbury, 1969)

Nicola Swainson, *The Development of Corporate Capitalism in Kenya, 1918 — 1977* (Berkeley: University of California, 1980)

Tea Association (Central Africa) Ltd. *Tea in Malawi* (Zomba: Tea Association [Central Africa], 1967)

Stephen H. Twining, *The House of Twining 1706 — 1956* (London: Twining, 1956)

W. H. Ukers, *All about Tea* (New York: Tea and Coffee Trade Journal, 1935)

John Weatherstone, *The Pioneers 1825 — 1900: The Early British Tea and Coffee Planters and their Way of Life* (London: Quiller Press, 1986)

Bennett Alan Weinberg and Bonnie K. Bealer, *The World of Caffeine* (New York: Routledge, 2001)

Dharmapriya Wesumperuma, *The Migration and Conditions of Immigrant labour in Ceylon* (unpublished Ph. D. thesis, University of London, 1974)

T. David Williams, *Malawi: The Politics of Despair* (Ithaca: Comell U. P. , 1978)

Warwick wroth, *The London Pleasure Gardens of the Eighteenth Century* (London: Macmillan, 1896)

Lu Yü , *The Classic of Tea*, translated by Francis Ross Carpenter (Boston, Mass: Little, Brown, 1974)

Anonymous, *An Essay on the Nature, Use and Abuse of Tea* (London: J. Bettenham for James Lacy, 1722)

Anonymous, *Deadly Adulteration and Slow Poisoning* (London: Sherwood, Gilbert & Piper, 1830?)

Anonymous, *The Genuine History of the Inhuman and Unparalell'd Murders Committed on the Bodies of Mr. W. G. . . .* (London: 1749)

Anonymous, *the History of the Tea Plant* (London: London Genuine Tea Co. , 1820)

A collection of reports, letters, advices, tables, etc. , related to trade in the East, 1691 — 1732 (University of London Library, MS 56):

— *Instructions for Chooseing of Tea Fitt for London*

— *Observations of ye Sorts of Tea & the Methods used in Dryeing & Crueing Tea in China*

Official Publications (British Libray, Oriental and India Office Collections)

Report of the Committee Appointed to Enquire into the Causes of Mortality Amongst Labourers Proceeding to the Tea Districts, 1867

Report of the Commissioners Appointed to Enquire into the State and Prospects of Tea Cultivation in Assam, Cachar, and Sylhet, 1868

Papers Regarding the Tea Industry in Bengal, 1873 (Including a Note by J. Ware Edgar)

Report of the Labour Enquiry Commission of Bengal, 1896

Report of the Assam Labour Enquiry Committee, 1906

Report of the Assam Labour Enquiry Committee, 1921 — 1922

Report of the Royal Commission on Labour in India, 1931

Reports on the Administration of the Province of Assam, 1880 — 1900

Emmigration Letters from Bengal and India, 1880 — 1910

鸣　谢

我要感谢 D·赫格德（D. Hegde）、克里辛·德夫（Krishn
Dev）、理查德·伊林沃思（Richard Illingworth）、马利克·费尔南
多（Malik Fernado）和斯蒂文·基钦（Stephen Kitching）为我提供了
有关茶叶行业的最新进展。

在本书写作的过程中我得到了大英图书馆、爱丁堡植物园图书
馆、皇家园艺协会、伦敦大学非洲和东方研究学院和历史研究所的工
作人员的帮助。我还要感谢巴斯东亚艺术博物馆的布赖恩·麦克尔尼
所提出的建议。在本书写作的过程中，我在伦敦大学图书馆的同事们
又一次给予了我很大的帮助。本书中茶树和茶叶嫩芽的插图是由加布
里埃尔·森皮尔（Gabriel Sempill）所创作的。

写作本书的主意来自梅尔·雅克（Mel Yarker）。我的经纪人卡
罗尔·布莱克（Carole Blake）和我的编辑卡罗尔·奥布赖恩（Carol
O'Brien）帮助我确定了这本书的框架结构。海伦·阿米蒂奇（Helen
Armitage）、玛丽亚·洛德（Maria Lord）和尼丽娜·德西尔瓦
（Nerina de Silva）给了我很多有益的建议。我在此对以上所有人员
表示衷心的感谢。